JN046833

平賀源内によるトウガラシ図鑑『蕃椒譜』より

トウガラシ 栽培五種

アニューム種

花は白く、世界の広い地域で栽培されている。日本のほぼすべての食用トウガラシもこの種に属する。

(左から)中国、四川の唐辛子、灯籠、朝天、子弾頭

ハラペーニョ(メキシコ)

キネンセ種

中米から南米中部にかけての地域、アジアやアフリカの熱帯、亜熱帯の地域において栽培されている。激辛のものは、この種に属するものが多い。

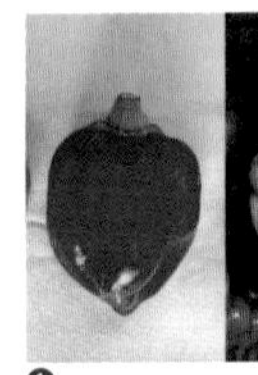

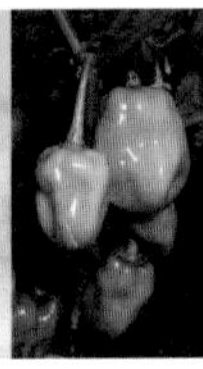

❶

❷

❸

❶メキシコ、ユカタン半島原産のハバネロ(右)。これに選抜改良が加えられたものが激辛のハバネロ・レッド・サヴィナ(左)。辛味強度:57万7000スコビル ❷インド、ナガランド州原産のブート・ジョロキア。辛味強度100万1034スコビル ❸トリニダード・スコーピオン・ブッチ・T。辛味強度146万3700スコビル ❹「カロライナの死神」カロライナ・リーパー。辛味強度156万9300スコビル

❹

プベッセンス種

紫の花、黒い種子が特徴。主にアンデス山麓、
中米の標高1300～3000メートルの狭い地域に分布している。
アンデス地域では「ロコト」と呼ばれており、
果皮（果肉）が厚く、果形がリンゴに似ている。

ロコト（3点とも）

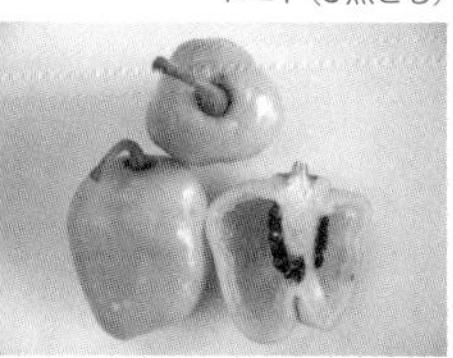

バッカートゥム種

白い花弁に薄緑色の斑点が入っているのが特徴。
南米以外での栽培事例は、あまり見られない。

❶❷ビショップ・クラウン　❸アヒ・アマリージョ

❶

❷

❸

フルテッセンス種

緑白色の花が特徴。果実が小さく、果実と蔕（へた）が離れやすい。
主に中米からカリブ諸国、南米北部にかけての地域で
栽培されている。

❶ジレ・クルサニ（ネパール）
❷メキシコ、タバスコ州原産のタバスコ（辛味調味料「タバスコ」の原料）
❸トムヤム・クンに欠かせないプリック・キーヌー（タイ）

❶

❷
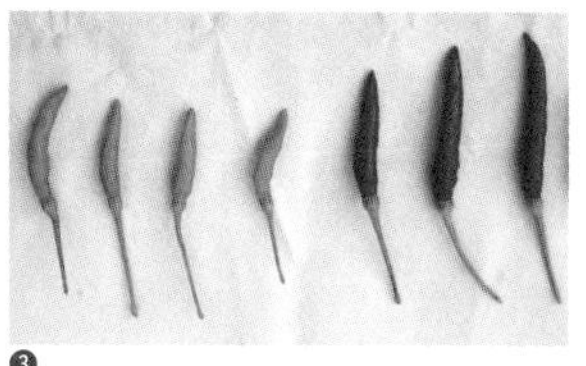
❸

ペルー

ロコトの肉詰め料理、ロコト・レジェーノ（松島憲一作）

バスク地方（スペイン&フランス）

❶

❷

❸

❶❷ナバラ州産の赤いパプリカの詰め物料理、ピミエント・デル・ピキージョ・レジェーノ（2点とも）
❸バスク地方の在来品種、エスプレットを使った煮込み料理ピペラード（手前）と豚肉料理ヴァントレッシュ

イタリア

❶

❷

❸

❶唐辛子にツナなどを詰めたペペロンチーノ・リピエノ
❷大型トウガラシ、ペペローネを乾燥させて揚げたペペローニ・クルスキ
❸唐辛子をふんだんに使ったカラブリアのサラミソーセージ風ペースト、ンドゥイア

ハンガリー

❶

❷

❶パプリカの粉をたっぷり使った煮込み料理グヤーシュ
❷パプリカパウダー（左3点）

ネパール

❶定食的料理ダル・バート
❷ブータン南部シェムガン県の農家が作った在来品種、ダレ・クルサニ（アクバレ・クルサニ）の漬け物（右はカトマンズの市場で売られているダレ・クルサニ）
❸タカリー族のヤク（牛の一種）の干し肉料理、ヤク・スクティ（左）と、これに欠かせないミックススパイス、ティンムール

ブータン

❶青唐辛子のチーズ煮込み、エマ・ダツィ
❷唐辛子と干し牛肉の煮込み、シャッカム・パー
❸生の青唐辛子をたっぷり使ったブータンのご飯のお供、エゼ

中国・四川料理

❶内臓肉やスネ肉を調理したものをスライスして、辣油たっぷりのソースで食べる夫妻肺片
❷甘酸っぱく、かつピリ辛の味付けをした魚香肉絲
❸鶏肉に唐辛子や花椒、辣油の辛いタレがかかった口水鶏（別名「よだれどり」）
❹小粒のトウガラシ、小米辣の泡菜（酸っぱい発酵物）
❺大量の唐辛子と揚げた鶏肉を一緒に炒めた辣子鶏

日本の在来トウガラシ品種

⑮

⑯

⑰

全国の在来トウガラシ品種

❶紫とうがらし（奈良県）
❷弥平とうがらし（滋賀県 未成熟の状態）
❸黄太こしょう（長野県）
❹十久保南蛮（長野県）
❺山科とうがらし（京都府）
❻高遠てんとうなんばん（長野県）
❼ししこしょう（長野県）
❽よのみ（滋賀県）
❾からごしょう（長野県）
❿ぼたごしょう（長野県信濃町）

京都の在来トウガラシ品種

⓫伏見とうがらし
⓬山科とうがらし
⓭鷹峯とうがらし
⓮万願寺とうがらし

信州の在来トウガラシ品種

⓯ひしの南蛮
⓰ぼたんこしょう（中野市）
⓱鈴ヶ沢南蛮

講談社選書メチエ

728

とうがらしの世界

松島憲一

MÉTIER

目次

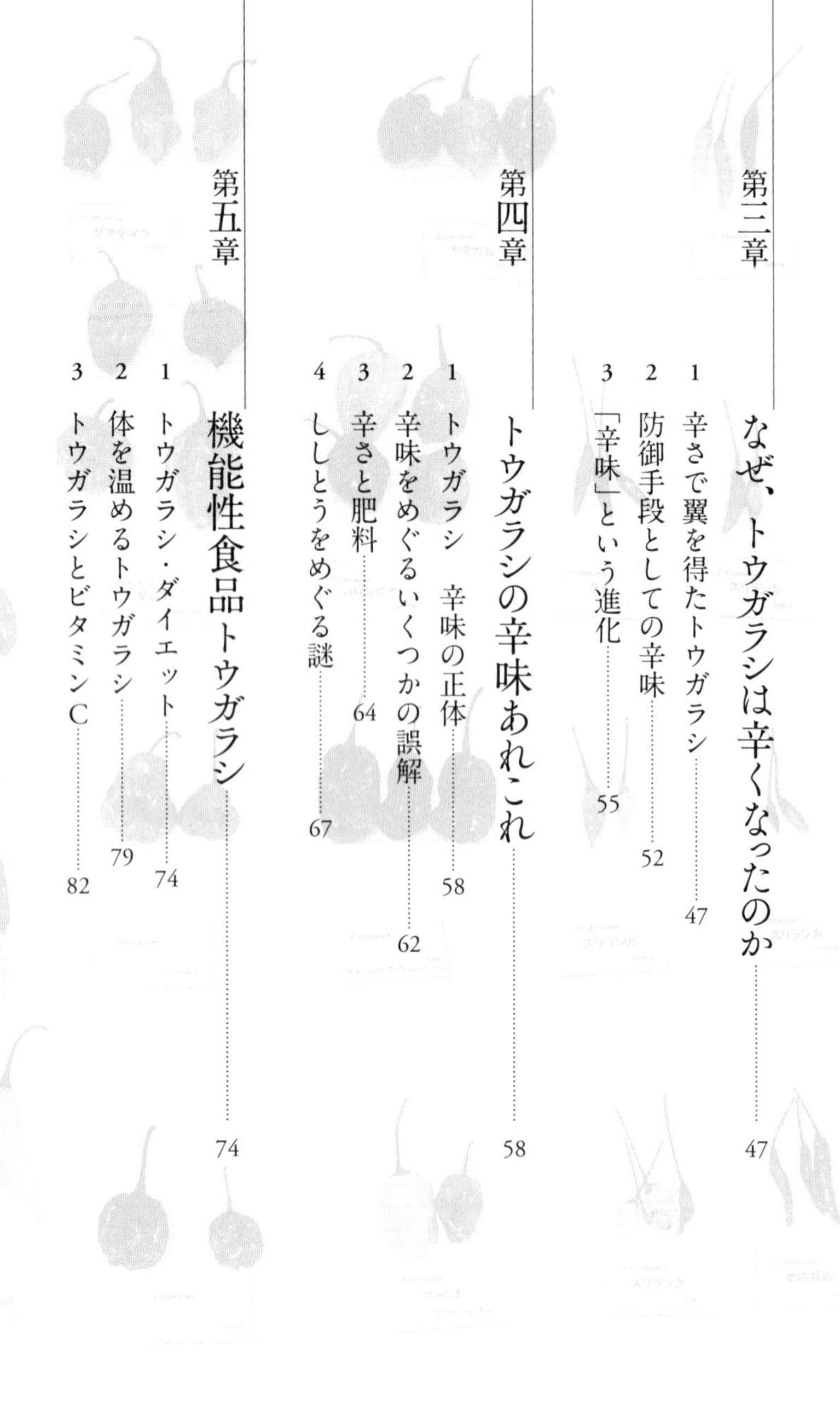

第二部　世界一周トウガラシ紀行 …… 89

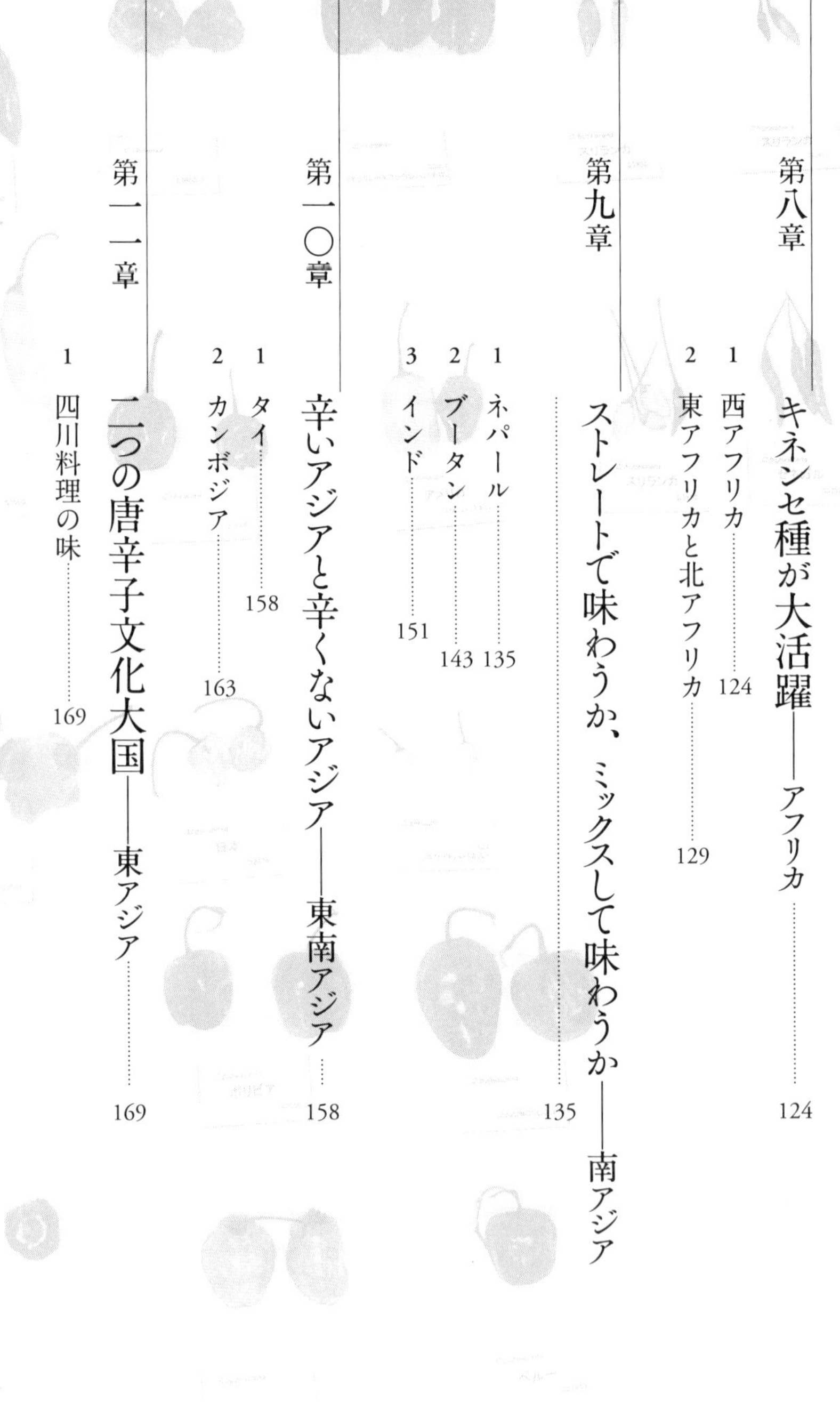

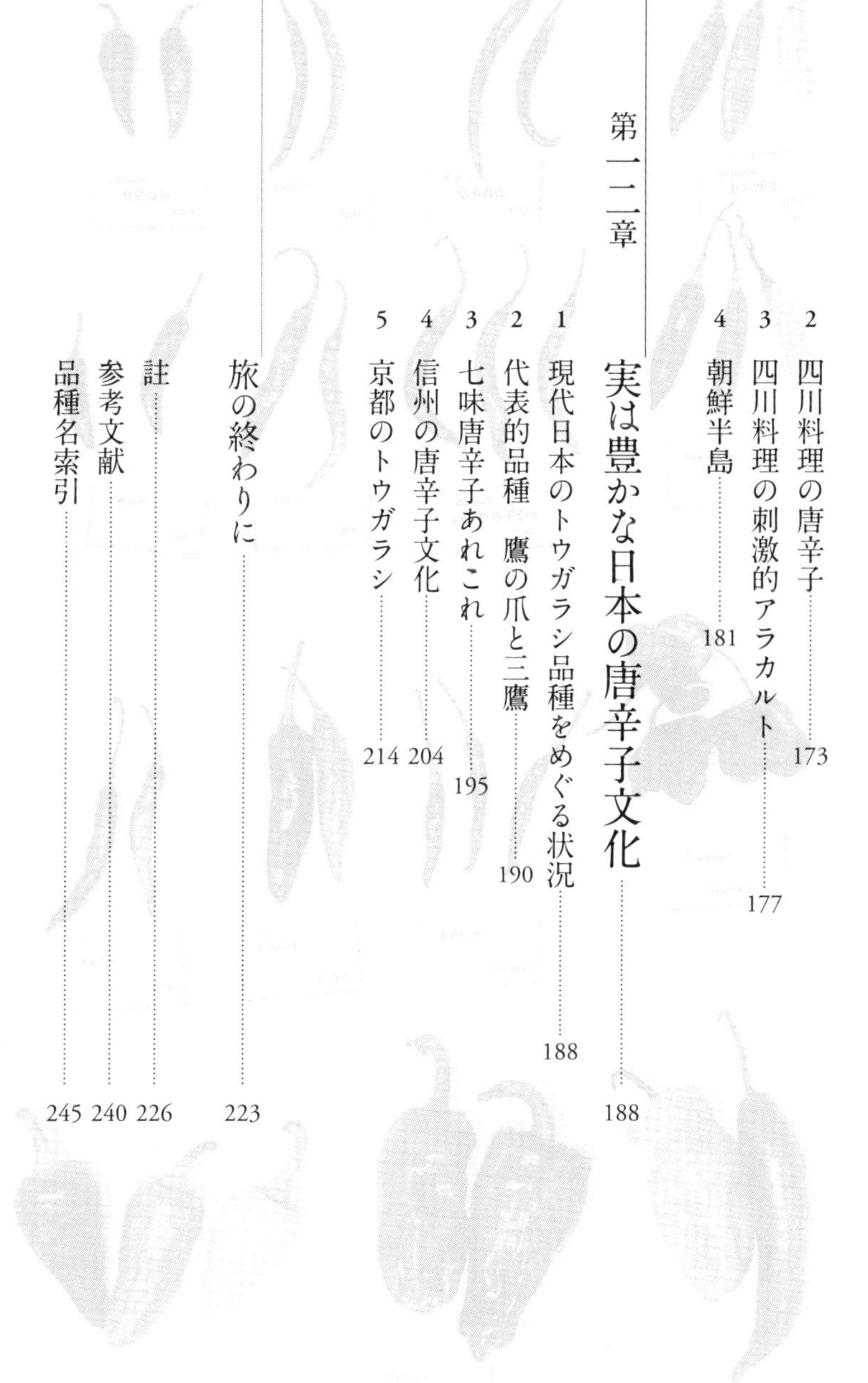

第一二章

目次・部屋デザイン∪宗利淳一

はじめに

毎日の食事の中で食べている野菜について、多くの人が、その産地を気にしている。ただ、その農作物の起源地とか、いつから人類が食べているといったことは、あまり考えないかもしれない。しかし、その野菜が歩んできた数千年の歴史や、世界各地へと広がっていった何万キロの旅路には、人類とその作物の秘密が込められている。

本書の主役であるトウガラシの起源は中南米であり、もともと野生植物として存在していた。そして、栽培化されて農作物となり、その後の長い歴史と旅路の末に、地球の反対側の日本にまでやってきた。

トウガラシは、ただ無駄に長旅をしてきたわけではない。たどり着いたそれぞれの地域や国で、その土地の食文化を特徴づけるような香辛料、または野菜としての地位を確立してきている。例えば、インド、ブータン、タイ、韓国、中国の四川省や湖南省には、辛い料理が好まれる食文化がある。こういった起源地・中南米から遠く離れたアジアの国々や地域の料理であっても、今や唐辛子抜きでは考えられない。白いキムチ、辛くないカレーや麻婆豆腐は物足りないこと、このうえない。いや、物足りないどころか、唐辛子が入っていない時点で、すでにそれはキムチやカレー、麻婆豆腐とは呼べない代物なのかもしれない。

アジアには、古くから、胡椒（こしょう）、山椒（さんしょう）、生姜（しょうが）などの香辛料があり、唐辛子が伝来する以前は、それらのアジア原産の香辛料が料理の辛味付けに使われていたようだ。しかし、現在、こと辛味に関していえば、唐辛子は他を圧倒している。アジア原産の香辛料では、とうてい代わりは務まらない。いったん、その土地の食文化に受け入れられると、辛味といえばもっぱら唐辛子ということになっていったのだろう。

さらに、トウガラシは香辛料としてだけでなく、野菜としても世界各地の食文化に影響を与えていった。鮮やかな彩りのパプリカ（トウガラシの栽培品種・ピーマンの一種）は、スペインやイタリアなどの南欧諸国のみならず、東欧諸国などでもよく食べられており、食卓に欠かせない野菜となっている。

かくいう私も、これまでにあちこちの国や地域を回り、トウガラシを食べ歩いてきた。それぞれ気候風土も異なり、住んでいる人たちの民族性や文化もまったく違うにもかかわらず、いずれの国や地域でもトウガラシは重要な香辛料であり、毎日の食事に欠かせないものとなっていた。

なぜ、トウガラシがこんなにも世界中に定着し、愛される農作物となったのだろうか。

この謎を解くためには、植物としてのトウガラシを「科学」しなければならないし、唐辛子と人間の関係やその歴史を見つめ直さなければならないだろう。

そこで、本書では、第一部でトウガラシの起源と伝播（でんぱ）、さらには、唐辛子の辛味の正体などについて、時には科学的に、時には歴史的に解説していく。

続く第二部では、現在、どのようなトウガラシ品種が世界各地で、また日本国内で栽培され、どのように食べられているのかを紹介していきたい。

なお、すでにお気付きかもしれないが、学術的な文章のルールとして、植物種名を示す場合はカタカナ表記にすることとなっているので、本書でも、これに従って、植物として示す際はカタカナで「トウガラシ」と表記し、香辛料や野菜など食べ物として示す場合は「唐辛子」と漢字表記することとした。どちらともとれるような場合は、前者同様カタカナ表記としている。

今、私たちの食卓には、唐辛子が使われた料理が、何の不思議もなく、当たり前に差し出されている。我々の日常に完全に溶け込んでいる唐辛子であるが、実は、いかに偉大で豊かな農作物であるか、少しでも多くの人に知っていただければ幸いである。

第一部　知っておきたいトウガラシの基礎知識

第一章　日本とうがらし事始め

1　トウガラシ日本到来

始まりはコロンブス

トウガラシが、その長い歴史において、大きな転換点を迎えたのは一四九二年のことだ。この年の八月にスペインのパロス港を出港したクリストファー・コロンブスの船団がアメリカ大陸に到達し、バハマ諸島のひとつ、サン・サルバドル島に上陸したのである。そして、その後、コロンブスは西インド諸島の中部にあるイスパニョーラ島（現在、ハイチとドミニカが統治）にしばらく滞在し、その際、現地のトウガラシである「アヒ」について日記に記した。中南米でのみ栽培されてきたトウガラシは、コロンブスによって世界への扉が開かれたのだ。翌年には、彼の二回目の航海に同行した船医が、トウガラシが現地でどのように利用されているのかを記録している。

コロンブスは、単にトウガラシについての文章を残しただけではない。一四九三年に書かれた記録によれば、一四九二年の最初の航海の際に、数種類のトウガラシをスペインに持ち帰っていたようだ。

その後、トウガラシはヨーロッパ各地へと広まっていき、五〇年後の一五四二年になると、ドイツの植物学者レオナルド・フックスが、トウガラシの植物体の図と説明を記し、一五八五年には、スペインのカスティーリア地方と、チェコのモラヴィア地方での栽培が記録されている。

このようにヨーロッパにおいて、トウガラシはそれなりの時間をかけて普及していったが、スペインとチェコでの栽培が記録された、ほぼ同時代の一五九三年、インドネシアのモルッカ諸島やインド西南部カリカット（現コジコーデ）でもトウガラシが栽培されていたと記録されている。このことから、トウガラシは、ヨーロッパで普及・定着する前に、すでにアジアに伝播しており、ほぼ同時期に栽培されるようになったのではないかと推察される。

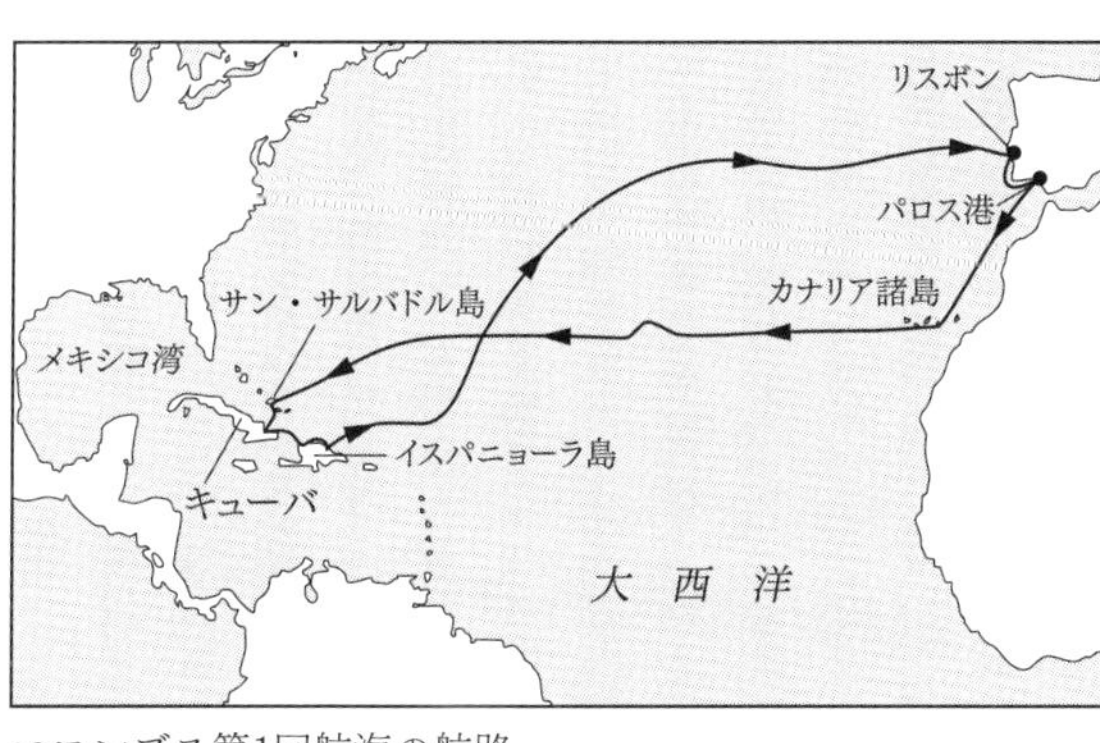

コロンブス第1回航海の航路

天文年間南蛮人経由説

では、我が国にトウガラシが上陸したのはいつのことであろうか。その伝来の時期については、いくつかの説がある。

最も早い伝来を記している記録は、一八二九年、江戸後期の農政学者である佐藤信淵（のぶひろ）によって書きあげられた『草木六部耕種法（そうもくろくぶこうしゅほう）』である。これには、トウガラシは一五四二年（天文（てんぶん）一一年）にポルトガル人によってもたらされたとある。さらに同書は、これらのトウガラシが、豊後国の国主・大友宗麟（義鎮）に献上されたものであり、カボチャなど様々な作物の種子も天文年間（一五三二〜五五年）に持ち込まれたとしている。

しかし、この記録には、若干、信憑性に欠ける点がある。というのも、大友宗麟は一五三〇年（享禄三年）生まれであり、一五四二年では、まだ一二歳。家督を継いだのは一五五〇年（天文一九年）といわれているので、少々計算が合わないのだ。しかも、前述のとおり、ドイツでの最初の記録は同じ一五四二年であり、スペイン、チェコでの栽培の記録が一五八五年、インド、インドネシアでの栽培の記録が一五九三年である。もし、日本への伝来が一五四二年という説が正しければ、コロンブスの大陸発見から五〇年は経っているとはいえ、トウガラシはかなり速いスピードで日本に到達したことになる。

朝鮮半島経由説

『草木六部耕種法』に次いで早い伝来を示しているのは、豊臣秀吉の朝鮮出兵時（一五九二〜九八年）に、秀吉軍が朝鮮半島から持ち帰ったという説である。この説は、本草学者で儒学者でもある貝原益軒の『大和本草』（一七〇八年）、俳人・菊岡沾涼の『本朝世事談綺』（一七三三年）、俳人・越谷吾山の方言研究書『物類称呼』（一七七五年）、国学者・谷川士清の『和訓栞』（一七七七年）、および曾槃ら編纂の『成形図説』（一八〇四年）と、比較的、多くの文献に載っている。なお、貝原益軒は、『大和本草』以前の一六九四年、『花譜』にこれと同じ説を記している。おそらく、江戸前期の大学者であった貝原益軒のこの記述が、それ以降の文献に大きく影響しているのだろう。

一方、朝鮮半島に残っている記録に目を向けると、一六一四年、当時、李氏朝鮮の文臣であった李晬光（さいこう）が、朝鮮初の百科事典といわれる『芝峯類説（チボンユソル）』に、トウガラシは日本から伝来したと記しており、倭国から来た「倭芥子（ウエキヨジヤ）」として紹介している。秀吉の朝鮮出兵の際にトウガラシが日本から朝鮮半島に持ち込まれたという話はよく耳にするが、この文献には、日本から持ち込まれたとしか書かれておらず、その時期や経緯については言及されていない。

慶長の南蛮人説

豊臣秀吉の朝鮮出兵時の次に古い説は、慶長年間（一五九六〜一六一五年）、もしくは一六〇五年（慶長一〇年）に、タバコと一緒に南蛮人（ポルトガル人）によって伝えられたというものである。元禄の頃の医師・本草学者の人見必大（ひとみひつだい）により書かれた『本朝食鑑（しょっかん）』（一六九七年）や、江戸時代中期の医師である寺島良安（てらじまりょうあん）により編纂された『和漢三才図会（わかんさんさいずえ）』（一七一二年）には、この説が記されている。ただし、『和漢三才図会』を見ると、「蕃椒（ばんしょう）」の項には慶長年間説が書かれているが、「煙草」の項には、伝来の時期が天正年間（一五七三〜九二年）となっていて、同じ文献内で齟齬（そご）が生じている。

慶長の南蛮人説についてふれている資料は『本朝食鑑』や『和漢三才図会』の他にもいくつかあるが、先ほど朝鮮半島説で紹介した菊岡沾涼の『本朝世事談綺』にも記述があり、朝鮮半島説、南蛮人説の両論併記となっている。さらに、元禄の頃の尾張藩士・天野信景（さだかげ）の随筆『塩尻』には、時期を示さずにタバコと同時期に伝来したと記されている。

以上の三つの説以外にも、いくつかの文献にトウガラシ伝来に関する記述が見られる。例えば前述の朝鮮半島説を記した『成形図説』には、どこから誰が持ち込んだのかは書かれていないものの、文禄の頃（すなわち、秀吉の一回目の朝鮮出兵の頃）にタバコと同時に伝わったとの説も記載されている。さらには、対馬府中藩士で歴史家の藤定房（とうさだふさ）の記した『対州編年略（たいしゅうへんねんりゃく）』（一七二三年）は、慶長一〇年（一六〇五年）頃に朝鮮半島から伝来したとしている。さらに、一六八四年に刊行された向井元升（げんしょう）の『庖厨備用倭名本草（ほうちゅうびようわみょうほんぞう）』には、「近く南蛮より長崎に来たる」とあり、他の文献には見られない「長崎」という地名が、伝来の窓口として書かれている。「近く」というのが、この文章が書かれた時よりどれくらい前を示しているのかわからないが、いずれにせよ、他の説に比べて遅めではある。

伝来諸説考察

以上のように、トウガラシは、おおむね安土桃山時代、遅くとも江戸時代初期には日本に伝来していたことになるが、三つの説をはじめとする様々な説が絡みあっている状態で、少々、頭の中が混乱してしまう。これまでに、多くの研究者が、これらの説の統合や修正を含めて、そのもつれた糸を解読する作業を行っている。

例えば、滋賀県立大学名誉教授の鄭大聲（チョンデソン）先生[1]は、①朝鮮の文献『芝峯類説』に、朝鮮半島に日本からトウガラシが伝来したという記述があること、②日本の文献では「高麗胡椒」と「南蛮胡椒」と二通りあったトウガラシの呼び名が、一六世紀半ば以降には「高麗胡椒」だけが普及していたこと、③日本には伝来に関する説が複数あることなどから総合して、まず、九州にポルトガル人がトウガラシを伝え、それがいったん朝鮮半島に伝わり、その後、秀吉軍が持ち帰ったとの説を唱えている。

また、横浜保育福祉専門学校のヒューズ美代先生[2]は、貝原益軒の『花譜』には、トウガラシを示す言葉として「かうらい胡椒」と「南蛮胡椒」の二つが示されていることから、かうらい（高麗＝朝鮮半島）経由による伝播と南蛮（ポルトガル人）による伝播の二経路があることが暗に示唆されているとしている。

では、筆者の考えは、と問われると、答えに窮してしまう。

私の携わる研究分野でこの難問に取り組むとするならば、日本のトウガラシと中国、韓国、インド、ポルトガル等のトウガラシのＤＮＡを比較して、その類似性から伝播経路を解明すべきであろう。しかし、伝来からすでに四〇〇年ほど経ってしまっている今では、当時と同じトウガラシは、まず、あるまい。長い月日の中で、当時のトウガラシは、それ以降に日本に入ってきたトウガラシ品種の遺伝子の影響を受けてしまっていると考えられる。したがって、この方法ではクリアな結果は望めない。

では、どう考えるべきなのか。

当時の物流の状況を考えると、陸路より海路のほうが速かったはずである。そうであるならば、コロンブスがスペインに持ち帰ったトウガラシが、陸路で中国に達したのちに朝鮮半島経由で日本にやってくるよりも、南蛮人が船で直接、日本に持ち込んだと考えるのが自然であろう。そこで私としては、ポルトガルから日本にトウガラシが伝来し、日本から東アジア各地域に伝播していったのではないかと考えている。

これまで紹介したいずれの説も確固とした証拠があるわけではないが、同時に、どの説に対しても誤りであると断言できる根拠もなく、私個人としては、実はどれも正しいのではないかとも考えている。

というのも、ある作物が他の地域・国から伝来し、その地で栽培され、食文化に浸透していく時、たった一回のアプローチでそういった事態が起こるとは考えがたいからだ。異なるルートで複数回にわたりトウガラシが日本に伝来し、その過程で徐々に定着していったとするほうがより無理のない考え方のように思われる。

2 トウガラシ日本定着

江戸時代以前の栽培記録

さて、おおよそ一五四二年から一六八〇年頃までのあいだに、ポルトガル、もしくは朝鮮半島から伝来したとされているトウガラシであるが、当時の日本人が、あの辛味をすんなり受け入れたのだろうか。伝来当時の状況を見てみよう。

奈良興福寺の塔頭(たっちゅう)・多聞院の僧侶の日記である『多聞院日記』には、文禄二年(一五九三年)の二月に「こせう」の種子をもらって植えたとの記述がある。この「こせう」は、赤い袋状の果実で、中に種子があり、肝をつぶすほど辛いとあるので、トウガラシであることは間違いないだろう。また、ナスと同じ季節に種をまけばよいと教えてもらって云々、とあることから、ある程度の栽培法は、すでに知られていたようにも見受けられる。

この『多聞院日記』の日付が正しいとしたら、少なくとも秀吉が朝鮮半島に兵を送る頃には、すでに奈良でトウガラシが栽培されていたことになる。ただ、これは、単にひとりの僧が、舶来の珍しい植物としてトウガラシの種子をもらったからと試しに栽培しただけであって、広く普及していたわけではなかったかもしれない。だが、このような早い時期に、栽培の記録が見られることは、大変興味深い。

一〇〇年あまりで日本に根付いたトウガラシ

続いて江戸時代初期・前期の文献にあるトウガラシの記述を調べてみよう。

天和(てんな)年間（一六八一〜八四年）に三河地方の農業書として書かれた『百姓伝記』には、次のようにある。


赤くほそく身なるうちに大小あり。またみぢかく赤きになりの色々かわりたるものあり。赤きうちにとつと大きなるものあり。また黄色なるうちに大小あり。下へさがりてなるもあり、そらへむきてなるもあり、みな味ひ同前なり。然ども大きなる程からみうすく、ちいさきほどからみつよし。（中略）赤きははやくわたり、黄色なるはおそく見へたる。古農の語伝ふ。

また、元福岡藩士の宮崎安貞が書いた日本最古の農書で、一六九七年に刊行された『農業全書』にも、「其実赤きあり、紫色なるあり、黄なるあり、天に向ふあり、地にむかふあり。大あり、小あり、長き短き、丸き角なるあり、其品さまぐ〳〵おほし」とある。

これらの文献から、江戸時代前期には、すでにトウガラシの栽培、生産は日本に根付き、非常に多彩な品種が栽培されていたことがわかる。安土桃山時代に伝来して、さらに江戸時代に入って一〇〇年あまりのうちに、日本人がトウガラシをしっかりと受け入れていたことは疑いようがない。また、これほどまでに品種の多様性があるということは、国外から多くのトウガラシ品種が流入していたという事実も示している。

江戸時代、アサガオの品種改良が趣味として盛んに行われ、バラエティに富んだ品種が生み出されていたが、トウガラシについても、ある程度、品種改良されたものがあるかもしれない。ただ、トウガラシの流入が幕府の鎖国令が出る一六三三年までに限定されると考えれば、前述したように、トウガラシの日本到来は何度もあり、しかも、様々な品種で起こっていたと考えられよう。

3 江戸時代のトウガラシ品種

その数、なんと八〇品種

江戸時代前期頃までに日本人に受け入れられたトウガラシだが、当時、どのような品種が栽培され

地域	トウガラシの名称
北海道・東北地方（松前、陸奥、盛岡、仙台、出羽、米沢、会津）	江戸なんばん、鬼ちぢみ、柿番椒、きなんばん、きんとき、釘番椒、ごすなんばん、こなんばん、五分なんばん、すずなんばん、そらなり、そらふきなんばん、たかのつめなんばん、たわらなんばん、てんこなんばん、天井なり、虎の尾なんばん、なかなんばん（長なんばん）、七ツなり（七ツ成なんばん）、ほうつきなんばん（ほうずき、ほふつき、酸漿番椒）、丸なんばん、八重なり、八實番椒
関東地方（水戸、下野国、下総）	ウイロウ、うこんとうからし、江戸とうからし、大とふがらし、おくとうからし、柿とふがらし、ぐみとうがらし（ぐミとふがらし）、金平、さきのはし、ジマカウ、そらまぶり、靏のはし（長トウガラシの一種）、テン上、天上まぶり、とびくち（トビロ）、とらの尾（長トウガラシの一種）、ながとうがらし（長とうからし）、八つなりとうがらし（八ツなり、八ナリ）、ホホツキ、六カク、わせとうからし
北陸地方（佐渡、信濃、加賀、能登、越中、越前）	江戸なんばん、おほとうからし、かきなんはん、吉太夫、吉藤治、黄なんばん、ささきなんばん（あつきなんばん）、そらむきなんばん、てんちくなんはん（てんちくまふり）、てんとうまぶり、長なんはん（長なんばん）、八なりなんはん（八ふさなんはん）、百なりなんばん（百成りなんばん）、細なんはん、ほうずきなんばん（ほうつきなんはん、ほうつき、ほうづき、ほうづきとうがらし）、丸なんはん
東海地方（伊豆、遠江、駿河、尾張、美濃、飛州）	赤、あぬき、うしの尾、江戸（江戸とうからし）、かにの足、黄（きとう、きなんばん、黄とうからし）、き太夫（きたゆふ、きだゆふ）、けしなんば、さんこしゆ、千なり（せんなり）、そらなんばん、小とうからし、ちちみ、てうせん、天しくまもり（てんちくまもり、てんちく守、天ちくまもり）、としよ、とじよなんば、なか（長とうからし）、七ツなり（七つなり）、なんきん、八しほ、八つなりやつなんばん、日向、ふし長、ほうつき（ほうづき、ほうづきなんば）、ほんつき、丸（まるなんば）、ミじん（みぢん）、麦から
近畿地方（和泉、紀州、山城）	うなだれ、黄唐がらし、さくら唐がらし、なが唐がらし、七ツなり、ほうづき唐がらし、まるとうがらし
中国地方（隠岐、出雲、備前、周防、長門）	赤とうからし、黄とうからし、白とうからし、天とう守、長唐辛子
九州地方（筑前、対馬、壱岐、肥前、豊後、肥後、日向）	榎子番椒、烏帽子番椒、圓番椒、大番椒、鬼灯番椒、兜番椒、金番椒、櫻ごせう、桜番椒、千のやさき、千矢番椒、千生番椒、竹節番椒、つきがねごせう、のぼりごせう、八生番椒　一名　天笠番椒、針番椒、ふさなりごせう、まるごせう、蚯蚓番椒、四頭番椒

『享保・元文諸国産物帳』に掲載されたトウガラシ品種名（山本宗立氏集計）
山本紀夫編著『トウガラシ讃歌』（八坂書房）より

ていたのであろうか。江戸期に書かれた文献にそのあたりのことについてふれているものがいくつかあるので、それぞれを紹介しながら考察していきたい。

トウガラシ伝来の諸説を説明した際にも紹介した『和漢三才図会』（一七一二年）には、「数品あり、筆頭の如く、椎子(しいのみ)の如く、梅桃(ゆすらうめ)の如く、さるがきの如く、或はすずなり、或は上に向ふ、生は青し、熟は赤し、或は黄赤色の者あり」と記され、形や色に豊かなバラエティがあることが紹介されている。

それより少しあと、一七三五年（享保二〇年）から一七三八年（元文三年）にかけて、幕府が諸藩の産物を明らかにするよう、本草学者で医師の丹羽正伯(にわしょうはく)に編纂を命じた『享保・元文諸国産物帳』には、トウガラシについても網羅的に調査した結果が掲載されている。これによると当時、トウガラシはほぼ日本全国で栽培されており、鹿児島大学の山本宗立(そうた)先生[3]がまとめた表にある品種を、名前が同じものをひとつとして整理したうえでカウントしたところ、驚くことにおおむね八〇もの品種名が記載されている。

平賀源内のトウガラシ図鑑

さて、エレキテルの実験や「土用の丑の日の鰻」のキャッチコピーを考え出すなど、マルチな活動で知られる平賀源内が、トウガラシ図鑑も書いていたという事実はあまり知られていない。彼の『蕃椒譜(ばんしょうふ)』（年代不明、口絵i頁）では、トウガラシを長之類、短之類、方之類、円之類、甜番椒のように大まかに分類したうえで、六一品種ものトウガラシを図示しており、その美しくもバラエティに富んだトウガラシたちは、いくら見ていても飽きないくらいだ。

新たな品種も誕生

さらに、先の伝来の項でも紹介した文献『成形図説』（一八〇四年）は、薩摩藩主・島津重豪（しげひで）が、医師で蘭学者の曾槃と国学者の白尾国柱（しらおくにはしら）に命じて編纂させた農書だが、この書にもトウガラシの品種名が数多く掲載され、次のように記されている。

其実かさなりて深紅に色愛すべし、或は筆頭の如く、或は椎実の如く、或は梅桃の実、榎の実にも似て、或は攅生（すずなり）、或は上向（うえにむき）。其大小、長く短く、尖円肥痩、亦雅趣あり、大なるは実の長さ五六寸に至る。幹立は七八尺に近し、頃間花師（ちかごろはなや）養得てなづけて一丈紅といふ、小なるは鳩爪のごとし、なづけて鷹爪（たかのつめ）といふ。円大なるは王瓜（からすうり）の如く、微尖あり。なづけて胡頽（ぐみ）胡椒といふ。円く小なるは南天燭（なんてん）子の如し、その実上に向ふをば天上守（てんじようまもり）などと呼べり。又下に垂るものを垂（さがり）胡椒とも下（くだり）胡椒とも称（とな）ふ。一種短肥にして味辣らずして甘きものあり。これを甘唐辛子といひ、黄熟のものを黄唐辛子といひ、金柑の如きものを金柑唐芥子などと呼べり。其の種族多し。皇国に入りて化生（なりかわ）れるなり。

実に様々なトウガラシが紹介されているこの文章で興味深いのは、その豊富な品種の数だけでなく、「皇国に入りて化生れるなり」と記されていることである。これは、この頃までに日本国内で、意図的に品種改良したのか、偶然に自然交配や突然変異によって生まれたのかはわからないが、トウガラシの品種の分化が起きていたことを示している。

今より豊かな多様性

また、江戸後期の佐藤信淵（のぶひろ）による経済書『経済要録』（一八二七年）にも、「蕃椒には数種あり、其丈け二丈余に至るあり、十丈辣茄（とうからし）と名く、龍葵（いぬほおづき）の子の如くなる有り、金橘茄（きんかんなす）と名く、其実丸くして茄子の如くなる有り、或は長くして筆の管の如く二尺余に及ぶ者あり、深紅色あり、黄色あり」と様々な品種の記録がある他、明治時代初期に伊藤圭介が記した『番椒図説』には五二品種が記されている。

以上の文献から、一六八〇年頃には、すでにいくつかのトウガラシ品種が確認されており、一七〇〇年代には日本全国で様々なトウガラシが栽培されていたことがわかる。これらの中には、現在我が国で栽培されているトウガラシ品種の中には見られないような形態のものも記載されていることから、現在よりも江戸時代のほうが、品種の多様性が大きかったと考えられ、トウガラシの遺伝・育種を研究する者としては興味深い。

また、平賀源内の『蕃椒譜』の分類には甜蕃椒という項目があるが、これは甘いトウガラシであり、一品種だけ紹介されている。さらに『成形図説』にも「甘唐辛子」の記述があることから、この頃にはすでに辛味のない唐辛子も、少ないながら栽培されていたと考えられる。これが、日本で育種されたのか、海外から伝播して作り継がれてきたのかはわからない。だが、この時代以前の文献でも見られないことや、『蕃椒譜』に「不知者初は不信試に少斗を喫て大に驚く」、つまり当時の人たちが辛くないことが信じられなかった、驚いたと記されていることから、おそらくは、この頃に登場した新しい品種だったものと思われる。

新宿はトウガラシの名産地

江戸時代、『享保・元文諸国産物帳』によって日本全国で栽培が確認できたトウガラシだが、「産地」として名高い地域がいくつかあった。前出の『経済要録』には、「下野の国日光、及び江戸内藤

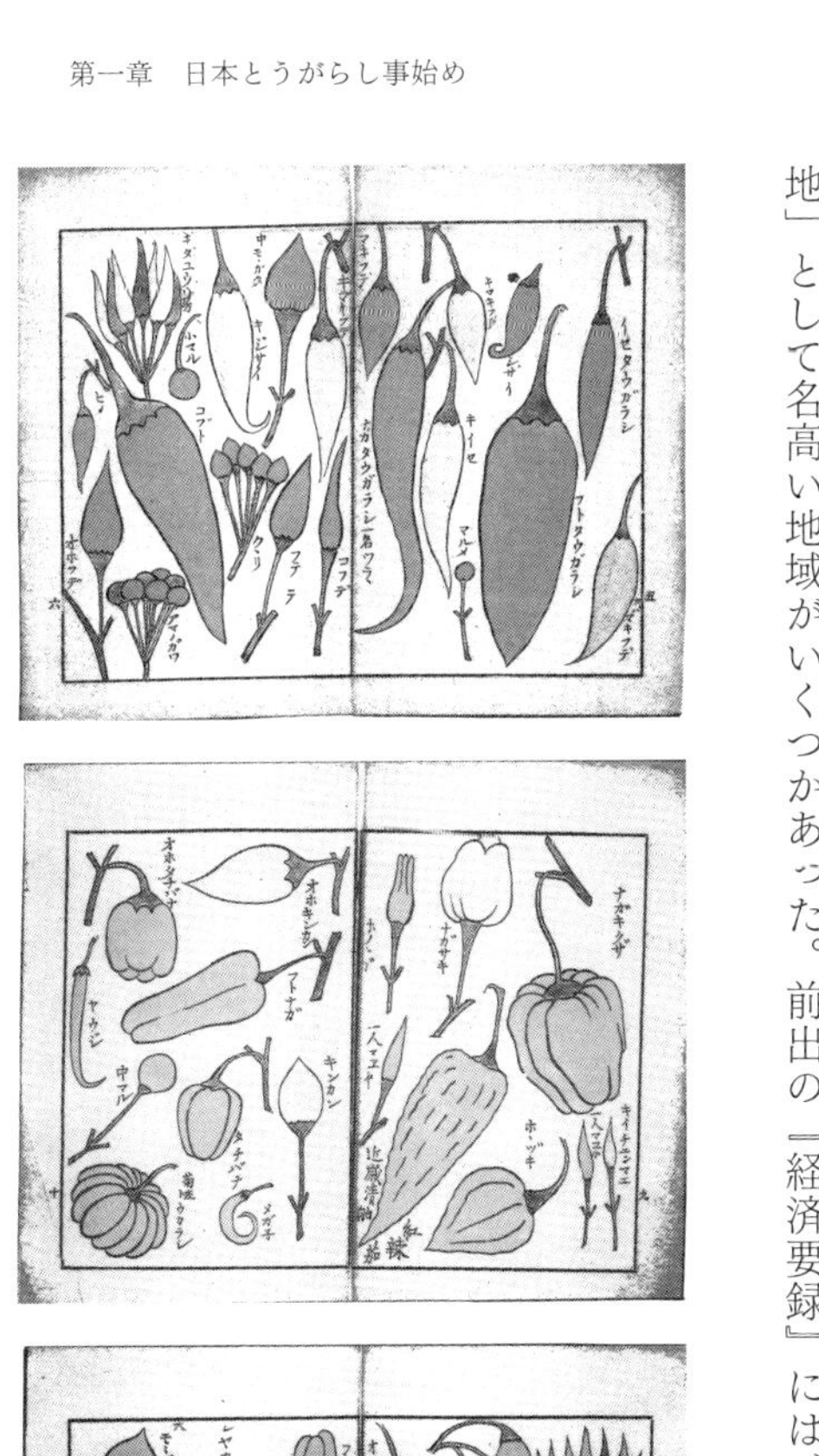

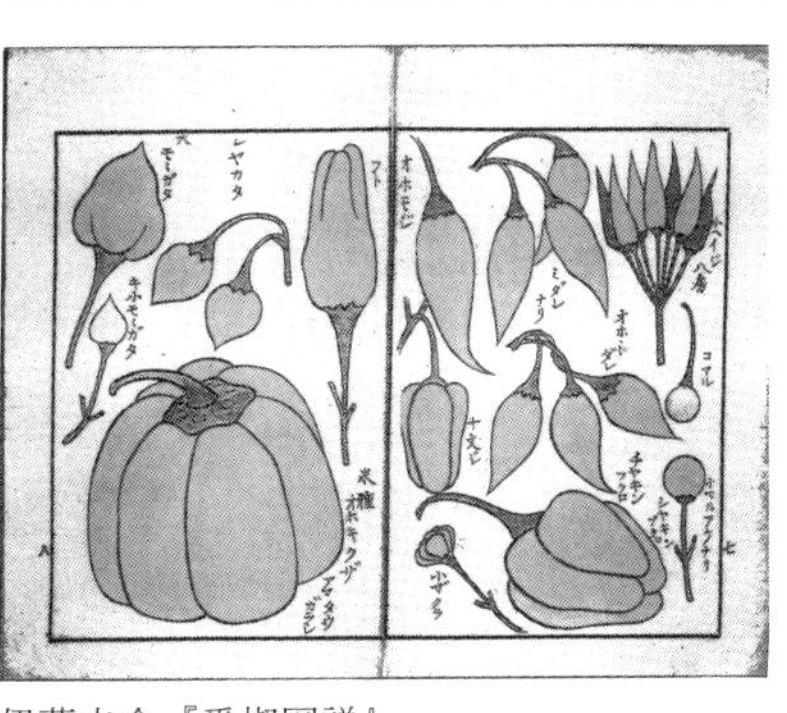

伊藤圭介『蕃椒図説』

新宿名産なり」とあり、現在の栃木県日光市とともに江戸の内藤新宿が示されている。

栃木県の日光には、現在でも「日光とうがらし」と呼ばれる細長い果実の在来品種があり、それを塩漬けにして紫蘇で巻いた「紫蘇巻き」が有名である（第一二章参照）。

一方、「内藤新宿」とは、元禄の頃、高遠(たかとお)藩主・内藤家の中屋敷（通称・下屋敷）を取り壊して開かれた宿場町のことであり、現在の新宿区の、新宿一丁目から二丁目・三丁目の一帯に当たる。「世に内藤蕃椒(とうがらし)と呼べり」と、文化文政の頃の武蔵国の地誌『新編武蔵風土記稿』に書かれていることからも、この地でトウガラシが栽培されていたこと、さらに、それが当時は大変有名であったことがわかる。

ちなみに、現代に伝わる七味唐辛子の売口上に、「入れますのは、江戸は内藤新宿八つ房が焼き唐辛子」とのくだりがあることから、内藤新宿で作られていたトウガラシは「八つ房」という品種であったことがわかる。八つ房は、上向き房なりになる品種で、平賀源内の『蕃椒譜』にも記載があるが、現在でも一般の種苗会社で種子が購入できる。

内藤とうがらしは、内藤家の屋敷内の菜園で栽培されていたので「内藤とうがらし」と呼ばれるようになったという説明を何度か見聞きしたことがあるが、それは、おそらく芳賀善次郎氏の『新宿の今昔』[4]の中にある「これは内藤家屋敷内の畑地に栽培されていたので有名になったもので」との記述に基づくものであろう。しかし、残念ながら芳賀氏はその出典を記しておらず、内藤家の屋敷内で栽培されていたという具体的な根拠は示されていない。続けて、「さかりのころになると、内藤新宿周辺から大久保にかけての畑は真っ赤にいろどられて美しかったという」との記述もあり、おそらくは江戸期の頃の風景と思われるが、これも出典がないのが残念だ。

その後、時代は進んで、大正の頃になると、内藤新宿あたりには薬問屋が数多くあり、武蔵野あたりで栽培・収穫された唐辛子が集荷されていたという記述が、吉岡源四郎氏の伝記的記事中に見られる。また、これと同じ時期、北原白秋が一九一三年（大正二年）に発表した詩歌集『桐の花』には、「武蔵野のだんだん畑の唐辛子いまあかあかと刈り干しにけれ　あかあかと胡椒刈り干せとめどなく涙ながるる胡椒刈り干せ」（「百舌の高音」）「わかき日は赤き胡椒の実のごとくかなしや雪にうづもれにけり」（「雪」）とあり、当時、内藤新宿からさらに西の武蔵野あたりに唐辛子の産地があって、すでに内藤新宿は、唐辛子の産地というより集荷地となっていたようだ。

平賀源内『蕃椒譜』に描かれた八つ房

江戸時代、内藤家のお屋敷の中からトウガラシ栽培が広まっていったのか、たまたま内藤家のお屋敷付近でトウガラシが栽培されていたのか、その経緯はわからないが、内藤新宿あたりが唐辛子の一大生産地であったことは間違いあるまい。その後、都市化が進むことにより、産地は西へ西へと移動し、大正の頃までには武蔵野あたりに移ってしまったのであろう。しかし、それらの唐辛子は、かつての産地である内藤新宿の薬問屋に集荷されることにより、そのまま「内藤とうがらし」ブランドが維持されてきたのではないだろうか。

西の産地代表・京都伏見

一方、京都や大坂といった上方の大都市の近郊にも、唐辛子産地はあったようである。

江戸時代前期の俳諧論書である松江重頼の『毛吹草』（一六四五年）に、伏見稲荷の「稲荷唐菘」という記述がある他、歴史家の黒川道祐によって書かれた山城国の地誌『雍州府志』（一六八四年）には、現在の京都の伏見稲荷あたりがトウガラシの産地であると記されている。

伏見は、淀川の水運の要衝であり、京都のみならず大坂にも通ずる町である。現在でも、伏見に起源を持つ在来品種の野菜用トウガラシ「伏見甘長とうがらし」が京野菜のひとつとして有名であり、一般にはあまり目にふれることはないが「伏見辛」という辛い在来品種もある。

江戸の町は、当時、世界的にも巨大な都市であったが、その近郊である内藤新宿には唐辛子の産地があった。また、江戸に次ぐ大都市であった京都や大坂の近郊である伏見でも唐辛子は栽培されていた。この二つの事実は、江戸時代の都市部での唐辛子需要の高さを示しており、当時の都市住民が唐辛子を日常的にモリモリ食べていた証拠ともなっている。

第二章　食用トウガラシ、その起源と種類

1　人間はいつからトウガラシを食べ始めたのか

六〇〇〇年前の植物遺体

前章では日本へのトウガラシの伝来と普及の様子について見てみたが、そもそも、トウガラシと人間とのつきあいは、いつ、どこで始まったのだろうか。かつては野生植物であったトウガラシが、人間によって栽培化され、さらに「作物」になっていった過程を、様々な研究結果を紹介しながら辿っていこうと思う。

トウガラシに関する考古学的な発見としてよく知られているのが、メキシコ中部山岳地帯テワカン谷のコスカトラン洞窟遺跡から見つかった果実の植物遺体である。テワカン谷では、他にもトウモロコシ、インゲンマメ、カボチャ、アボカド、ヒユ科の穀物アマランサスなどの植物遺体も見つかっているが、これらより早くトウガラシは食用として利用されていたと考えられており、最も古いトウガラシの植物遺体は推定で六〇〇〇年前のものとされている。ちなみにメキシコでは紀元前二三〇〇年頃に土器が作られ始めたとされているが、見つかったトウガラシは、それ以前の先土器時代と呼ばれ

る頃のものである。

一方、ペルーの北海岸、チカマ川の河口にあるワカ・プリエタ遺跡でもトウガラシ果実の植物遺体が見つかっており、こちらのほうは四〇〇〇年前頃のものと推定されている。

この他にも西インド諸島のハイチ、中米のエルサルバドルや南米ベネズエラの遺跡からも種子、花粉、果梗（果柄）などの植物遺体が見つかっており、四五〇〇年前から三五〇〇年前のものと推定されている。

デンプン粒の微化石

植物の組織は腐りやすく、種子や果実など植物の一部が植物遺体として遺跡から発掘されることは、よほど条件がよくなければありえない。しかし、植物遺体が見つからない場合でも、調理器具などに付着していたデンプン粒の「微化石」（正確には化石化はしていないが）を調べることで、様々なことが推定できる。植物種子中のデンプン粒は、その種類によって形状が異なることから、その時代にどんな植物が利用されていたのかがわかるのである。

我々は、毎日の栄養としてイネやコムギの種子中のデンプンを炭水化物として食べているが、そもそも、そういったデンプンは、発芽する時のための栄養源として種子中に蓄えられたものである。もちろん、トウガラシも、穀物種子ほどの量ではないが、来たるべき発芽のために種子中にデンプンを蓄えているのである。

二〇〇七年、科学雑誌「サイエンス」に、デンプン粒の微化石を調べ、いつ頃からトウガラシが利用されていたかを明らかにしている論文が発表された。[1]
この論文に記された研究では、中米のパナマ、カリブ海のバハマ、南米のベネズエラ、エクアドル、およびペルーの遺跡で発掘された石器（剝片石器や磨製石器）などに付着していたトウガラシの種子中のデンプン粒の微化石が調べられたが、その結果、比較的新しいと見積もられたベネズエラのものでも五〇〇年前から一〇〇〇年前、古いものではパナマが五六〇〇年前、エクアドルが五〇五〇年前から六二五〇年前と推定されている。ここでも、先のテワカン谷の植物遺体の推定結果と同様に、六〇〇〇年以上前にトウガラシが利用されていた可能性があることが示されている。
さらに興味深いのは、このデンプン粒の調査をしたすべての地域から、トウガラシだけではなく、トウモロコシのデンプン粒も見つかっており、その頃には、すでにトウガラシが、主食のトウモロコシとともに食されていたと考えられることである。トウモロコシというと、日本では、茹でたり焼いたりして食べる、甘いスイートコーンがイメージされがちで、どちらかというと野菜的な扱い、もしくはポップコーンといったおやつ的な扱いであるが、世界的に見ると稲麦と並ぶ主要な穀類であり、中米を中心に主食として広く食されている。メキシコ料理のタコスなどに使われる、無発酵の薄焼きパン様のトルティーヤが、その最たるものである。六〇〇〇年前の中南米の人たちは、すでに主食のトウモロコシをトウガラシで味付けして、もしくはトウガラシで味付けしたおかずとともに、毎日の食事として食べていたのだ。
いずれにせよ、実に六〇〇〇年以上も前から人類がトウガラシを食用として利用していたことは、ほぼ間違いなく、トウガラシの持つ、あの辛さに長きにわたり魅了され続けていたようだ。

トウガラシはどこで栽培化されたのか

トウガラシの起源地は、生物学的な別の観点からも証明することができる。

ロシアの植物学者であるニコライ・ヴァヴィロフ（一八八七〜一九四三年）は、ある作物について、その近縁種や変種などが多い地域、すなわち遺伝的多様性が大きい地域が、その作物の起源地であるとした。

この説にしたがって現在の世界のトウガラシの分布を見てみると、トウガラシが毎日の食生活で大きな位置を占めているアジアやアフリカでは、様々な品種が栽培利用されているので、一見、遺伝的な多様性が大きいようにも見える。しかし、これらのいずれの地域にも、トウガラシの野生種は一切自生していない。

一方、中南米では、食用利用されている栽培種の他に、二〇種以上の様々なトウガラシの野生種が自生している。なお、野生種というのは、分類学上、栽培種とは異なる種（species）であるものを指し（一部、亜種レベルの違いであるものを含む）、栽培されていたトウガラシのこぼれ種から芽が出たようなものが道端で自生しているような状態では「野生種」に分化しているとはいわない。また、「品種」とは、あくまでも分類学的に種を同じくする仲間をいい、いくら様々な品種が同一地域に存在しようとも、栽培種とは種レベルで異なる野生種が存在している地域のほうが、より遺伝的な多様性が大きいことになる。

先のヴァヴィロフの説に当てはめて考えると、野生種が自生する中南米のほうがトウガラシの遺伝的多様性が大きく、それゆえ起源地ということになる。これは、先の考古学的な結論と一致する。

ということは、かのコロンブスが一四九二年にサン・サルバドル島（現在のバハマに所在）に上陸するまで、トウガラシは起源地である中南米の外には一歩も出ておらず、ヨーロッパにも、アジアにも、アフリカにも、トウガラシは存在しなかったことになる。それにもかかわらず、現在では世界各地に、トウガラシがその地域の食文化を特徴づけ、なくてはならない作物、食物となっている例がいくつもある。これは、トウガラシの植物としての地域適応性の高さと、何よりも、あの魅力的な辛味のなせる業（わざ）といえるであろう。

ちなみに、トウガラシ以外にも南北アメリカ大陸が起源地の、日本でもおなじみの作物がいくつかある。前述の六〇〇〇年前からトウガラシとともに食べられていたトウモロコシの他、例えばジャガイモ、サツマイモ、インゲン豆、落花生、トマトにカボチャも、中南米から長い旅を経て日本にやってきた農作物である。我々が、「お袋の味」として日本の家庭料理の代表格のように思っているカボチャの煮付けや、肉じゃがが、さや隠元の胡麻和えなどが、もともとはアメリカ大陸から渡ってきた野菜の料理というのは、少し意外な気がするかもしれない。

2　トウガラシの栽培品種

栽培五品種

さて、これからトウガラシの栽培品種を説明するうえであらかじめ知っておいていただきたいのは、トウガラシ（カプシカム属 *Capsicum*）の栽培種には、学名でいうとアニューム種（*C. annuum*）、フルテッセンス種（*C. frutescens*）、キネンセ種（*C. chinense*）、バッカートゥム種（*C. baccatum*）、プベッセンス種（*C. pubescens*）の五種があるということである（口絵ii〜iii頁）。これら栽培種の特徴や使われ方については、本書の後半で詳しく紹介するとして、ここでは、まず、その起源と伝播について理解してもらうために、少し専門的になるが、植物学的に簡単に説明しておきたい。

まず、アニューム種は花が白く、メキシコからボリビアにかけての地域を中心に、世界の広い地域で栽培されているトウガラシである。「鷹の爪」、ししとうやピーマン類など、日本で栽培されているほぼすべてのトウガラシもこの種に当たる。

次にフルテッセンス種とキネンセ種であるが、これら二種は、緑白色の花が咲くのが特徴である。フルテッセンス種は、メキシコなど中米からカリブ諸国、南米北部にかけての地域、キネンセ種はフルテッセンス種より広く、中米からカリブ諸国、南米中部にかけての地域に加え、アジアやアフリカの熱帯、亜熱帯の地域においても栽培されている。この二種は近縁とされるが、フルテッセンス種は果実が小さく、果実と蔕（へた）が離れやすい品種が多いという、ちょっと野生種に近い特徴によって、キネンセ種と区別することができる。

バッカートゥム種は、白い花弁に薄緑色の斑点が入ることで他種と区別される栽培種で、南米の西部から南東部にかけての地域を中心に分布しており、アニューム種、フルテッセンス種、およびキネンセ種と違って、南米以外で伝統的な栽培は見られない種である。

最後に紹介するプベッセンス種は、紫の花、黒い種子が特徴で、他の四種とは見た目も遺伝的にもかなり異なった栽培種である。主にアンデス山麓、またメキシコなど中米の標高一三〇〇〜三〇〇〇メートルにかけての狭い地域に分布している。

栽培種と野生種

一般的に、分類学上、種（しゅ）が異なっているということは、交配しても雑種ができないことを意味するが、トウガラシの場合、フルテッセンス種とキネンセ種は遺伝的に関係が近いとされ、交配が可能である。このため、研究者の中には、フルテッセンス種とキネンセ種については、フルテッセンス－キネンセ複合種（*C. frutescens-chinense* complex）として、ひとつの種として扱う者もいる。また、条件によっては、この二種とアニューム種とのあいだでも交配により後代を作出することが可能とされ、これら三種は比較的、近い関係にあると考えられている。

作物の場合、起源地とは、その祖先野生種が栽培化され、栽培種として成立した地のことを指す。人間は、その祖先野生種を、より効率よく、より安定して利用するために、居住地やその近辺で栽培するようになり、その過程で栽培に適した形質を選抜し、遺伝的に固定していくことで「栽培種」が生まれる。

例えば、先にフルテッセンス種の説明の際に、果実が蒂から離脱しやすい形質を「ちょっと野生種に近い特徴」と説明した。これは野生の植物の生存戦略のひとつであり、種子拡散のために、そうすることで鳥などの動物が果実を食べやすくするのである。だが、人間にとって、収穫前に果実が落ちてしまったのでは栽培利用には不向きである。また、野生植物は、リスク分散の必要もあって、発芽期、開花期や登熟期がバラついているが、栽培するのであれば、播種から発芽までの期間、開花期やそれに続く果実、子実の登熟期はそろっていたほうが管理や収穫するうえで都合がよい。

ところで、五つ、あるいは四つ（フルテッセンス種とキネンセ種をひとつにまとめた場合）の栽培種が存在するトウガラシだが、それぞれが別途に野生種から栽培化されたはずである。あるひとつの地域での栽培化により、ひとつの栽培種が生まれ、そこから他の四種に分化していったならば、栽培種間の遺伝的関係はもっと近いはずなので、おそらくは、中南米における、それぞれの主な栽培分布地のどこかで、祖先野生種から現在の栽培種への栽培化がなされていったと考えられる。

トウガラシのアダムとイヴ

五つの栽培種には、それぞれ祖先野生種があり、さらにその大元となる共通の祖先野生種もどこかに存在したはずである。その共通の祖先野生種、いわばトウガラシの「アダムとイヴ」が中南米のどこで自生していたかを明らかにするため、マイアミ大学（当時）のマクラウドらは、一九八二年に遺伝学的な研究による解明を試みている。[2] 五つの栽培種と、白い花を咲かせるチャコエンセ種（*C. chacoense*）、花が紫のカルデナシ種（*C. cardenasii*）、ならびにエキシミウム種（*C. eximium*）の三つの野生種を合わせた計八種の遺伝子型の地域分布を調べ、その種分化の様相を検討したのである。

その結果、マクラウドらは、共通の祖先は南米ボリビア中南部に自生していたとし、まず、チャコエンセ種とエキシミウム種に分化。その後、チャコエンセ種はアマゾンの低地へ伝播し、それぞれの栽培分布域で栽培化され、白花系のアニューム種とバッカートゥム種が生まれたとし、一方、紫花のエキシミウム種は、アンデス山脈の高地に伝播し、栽培化されてプベッセンス種になっていったのではないかと推察している。おそらく、それと同時に、あるいはそれ以降にフルテッセンス種とキネンセ種も白花系祖先種やチャコエンセ種から分化したのであろう。

その後、分子生物学的な研究手法が大きく発展し、トウガラシの種分化についても、DNAレベルでさらに詳細な調査が行われている。二〇〇一年には、米国ウィスコンシン大学のウォルシュとフートが、トウガラシの栽培四種と野生種七種、さらにはトウガラシと同じナス科に属する植物一七種について、DNAのある領域の配列の違いを元に、その類縁関係を明らかにした。[3] この研究結果によると、トウガラシの祖先種は、ペルーからボリビアにかけて広がるアンデス地域の乾燥地帯に分布し、その後、北方、東方の熱帯地域に拡散していったらしい。

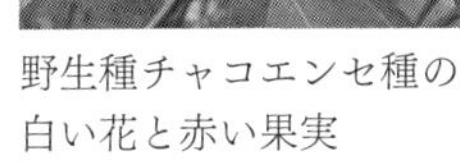

野生種チャコエンセ種の白い花と赤い果実

このようにトウガラシ栽培種共通の祖先野生種が、ボリビア中南部、もしくはペルーからボリビアにかけての地域に自生していて、そこから現在に至るまでのあいだ、世界中に広まっていったとするならば、五つの栽培種トウガラシのそれぞれの起源地はどこになるのだろうか。

世界で最も広く栽培されているアニューム種については、その起源地を探り当てる研究報告がある。アニューム種は前述のとおり、メキシコからボリビアにかけての地域で栽培分布が見られるが、二〇一三年、カリフォルニア大学デービス校のクラフトらが発表した論文[4]によると、彼らは、考古学、生態学、遺伝学、古言語学などの異なる学問分野のデータを統合のうえ検討し、その結果、アニューム種の起源地はメキシコの北東部か、中東部、もしくはその両方であると結論づけている。今後は、他の四種の栽培種についても同様の研究により、それぞれの起源地が明らかになることが待たれるところである。

世界に広がっていったアニューム種

さて、このように中南米で栽培化されたトウガラシ栽培五種だが、その後、全世界に広がり、各地域で特徴のあるトウガラシ品種と文化を生み出すものもあれば、原産地周辺に「引きこもって」しまったものもある。それぞれの栽培種について、その動向を見てみよう。

前述のように、世界で最も広く栽培されているトウガラシ栽培種はアニューム種である。それではなぜ、アニューム種は世界中に広がっていけたのだろうか。

筆者らの研究室では、栽培五種について、長野県南箕輪村(みなみみのわ)のキャンパス内の圃場(ほじょう)で栽培試験をしてきたが、それぞれの開花時期を調べてみると、アニューム種は、比較的早く花が咲く「早生(わせ)」の品種から、花が咲くのが遅れてしまう「晩生（おくて）」の品種まで様々な品種が存在する一方、他の四栽培種は比較的、晩生となる品種がほとんどであった。

晩生の品種は、寒い地域で栽培すると、その果実が熟れるまでに冬になってしまい、果実収穫ができず、種子も残せない。アニューム種が世界各地で栽培されるようになった理由のひとつは、おそらく、早生から晩生まで様々な開花時期を持つことができたからであろう。

実際に、我が国のアニューム種について見ても、冷涼な地域でも栽培が見られ、北海道では「札幌」、青森県の弘前でも「清水森ナンバ」と呼ばれる早生の在来品種が古くから栽培されている。

似て非なるキネンセ種とフルテッセンス種

キネンセ種とフルテッセンス種は、ともに緑白色の花を咲かせる栽培種であり、遺伝的に近縁であることは、すでに紹介した。また、萼から果実が離れやすい野生種的な性質を持つことが多いフルテッセンス種は、キネンセ種の栽培化の過程において、その途中から分化したものとする説もある。

これら二種について中南米以外での分布を見てみると、フルテッセンス種は、アジア、アフリカの熱帯・亜熱帯地域で栽培されている一方で、キネンセ種のアジアでの栽培はあまり見られない。例外的に、インド東部ナガランド州とそれに隣接するミャンマー北西部、さらにはバングラデシュに至る地域で、ブート・ジョロキアなどと呼ばれる非常に辛味の強い品種が分布している他、インドネシアでは小さな果実の品種が栽培されているという報告もある[5]。筆者らも、マレーシアから収集したトウガラシ遺伝資源の中にキネンセ種があることを発表しているが[6]、やはり、アジアではかなりマイナー

マレーシアから収集した
トウガラシ遺伝資源のキネンセ種

な存在だ。

一方、アジアではメジャーなフルテッセンス種は、アニューム種と同様、コロンブス以降に起源地の中南米からヨーロッパ経由でアジアに伝わったと考えられているが、京都大学名誉教授の矢澤進先生は[7]、フルテッセンス種にはヨーロッパで栽培すると晩生になってしまう性質があるといった理由から、ヨーロッパ経由ではなく、温暖な熱帯・亜熱帯地域のみを伝って伝播したのではないか——具体的には、太平洋ポリネシア経由の伝播ルートがあったのではないかと示唆している。さらに鹿児島大学の山本宗立先生は、アイソザイム分析という方法で解析した結果や現地調査などから、一六世紀から一九世紀にかけてメキシコとフィリピンのあいだで行われていたガレオン貿易のルートでアジアに持ち込まれ、広がっているのではないかと推察している[8]。

南米から羽ばたかなかったバッカートゥム種

バッカートゥム種については南米以外での栽培事例がなく、あったとしても最近のものなので書けることが少ない。しかし、なぜ、この栽培種が、中南米以外に伝播しえなかったのかというところに、大きな疑問が残る。

ひとつの理由として、アニューム種以外の栽培種と同様、バッカートゥム種が短日植物（昼の長さが、ある一定時間より短くならないと花芽（かが）がつかないタイプの植物）で、その度合いが強いことが挙げられる。我々の栽培試験の結果でも、バッカートゥム種はアニューム種よりも開花が遅い晩生のものが多いことがわかっている。[9]

また、栽培五種の辛味成分含量を調べた我々の研究結果によると、キネンセ種とフルテッセンス種では、かなり辛味の強いものから弱いものまで品種・系統が幅広く存在する一方、バッカートゥム種はアニューム種と同様、辛味がマイルドな品種・系統に偏っている傾向にある。[10]

バッカートゥム種は、果実色も美しくバラエティに富み、食べてみると、ほどよい辛味で美味しいトウガラシが多いだけに、アニューム種のように世界に羽ばたいていないことが不思議である。

紫の花、黒い種子のプベッセンス種

プベッセンス種栽培地域は、バッカートゥム種よりもさらに狭い。これまで様々なトウガラシに関する報告[11]を読み、トウガラシ研究の仲間から情報を得てきたが、日本国内で十分な収穫を得たプベッセンス種栽培の成功事例は聞いたことがない。それどころか、世界でも南米アンデス地域の高標高地（一三〇〇～三〇〇〇メートル）の他、中米やインドネシアの高地以外、ほとんど栽培されていない。[12]

というのも、プベッセンス種は暑さに弱く、花が咲いてもほとんど落花してしまうのだ。

筆者の勤める信州大学農学部は、長野県の南箕輪村、標高七七三メートルの準高冷地にあり（国立大学では日本で一番高いところにある「最高峰」の大学！）、長野県南牧村の野辺山（標高一三五一メートル）にも農場を持つが、この二ヵ所でプベッセンス種を栽培した場合、野辺山のほうが果実がなりやすく、大きくなる傾向にある。しかし、このような高標高地域であっても、花のほとんどは落ちてしまい、着果に至るものが非常に少ないのが現状だ。さらに、涼しいところが好きなのに、意外に霜には弱いので、常春の気候である低緯度高標高のアンデス地域から広がりにくかったのだろう。

ちなみに、アンデス地域では、プベッセンス種を「ロコト」という名で呼んでおり、果皮（果肉）が厚く、ピーマンというより、むしろリンゴに似た果形のものもあることから、現地では他のトウガラシとは区別して使われているようだ。

食用利用されている代表的野生種

これまで栽培種の話をしてきたが、中南米の野生トウガラシにも、果実に辛味があることから、自生の状態から採取したものや、もしくは半栽培状態のものを利用している例がある。そのひとつが、グラブリスキュラム亜種（*C. annuum L. var. glabrisuculum*）である。

この種は「チルテピン」とも呼ばれ、米国南部からメキシコにかけての亜熱帯の乾燥した山間地域において、樹木の陰に隠れて自生しており、野生種ながら地域住民には非常に人気のあるトウガラシである。花はアニューム種と同様、白色で、グリーンピースほどの小さな丸い果実がなる。アニューム種とは分類上、同種であるが、遺伝的には少し異なる亜種とされており、両者間で交配が可能で、現地では、その雑種も見られるという。[13]

また、ボリビアやペルーなどのアンデス山麓では、プベッセンス種（ロコト）の近縁野生種であるカルデナシ種が、「ウルピカ」という名で採取利用されている。この野生種の花は、薄紫で吊り鐘状

トウガラシ野生種の花と果実
①カルデナシ種（ウルピカ）
②プラエタミッサム種（ピメンタ・クマリ）
③グラブリスキュラム亜種（チルテピン）

であり、他のトウガラシ栽培種や近縁野生種の花とは大きく異なっている。プベッセンス種との交配がある程度は可能であるため、この両種は遺伝的に近い関係と考えられている。

　さらに、バッカートゥム種の近縁野生種であるプラエタミッサム種（*C. praetermissum*）も採取利用されている。花弁がつながった五角形の花が咲くのが特徴だが、その花弁に斑点があるところがバッカートゥム種に近い仲間であることを感じさせる。果実は二センチ程度で、楕円球型である。ブラジルでは、この種は「ピメンタ・クマリ」と呼ばれ、オイル漬けにして販売されている。

第三章　なぜ、トウガラシは辛くなったのか

1　辛さで翼を得たトウガラシ

辛くなったのには訳がある

ある集会で講演した時のことである。会場から「トウガラシは、辛くない野生種から人間が辛い個体を選抜していった結果、今のような辛い栽培品種ができあがったのですか」という質問を受けた。たしかに甘い果物の多くは、もともと甘みが少なく、酸っぱかったり、渋かったりするような野生種から、甘みのより強い個体を徐々に選抜していった結果、現在に至ったものである。この質問者は、果物の関係のお仕事をされている方だそうで、おそらく、このような果物をイメージして質問したのだと思う。しかし、トウガラシ果実中の辛味成分カプサイシノイドについては、これとはまったく事情が異なる。

前章でも紹介したが、野生のトウガラシであっても辛い果実をつけるものが多く見られ、現在でも中南米では、そのような野生トウガラシの果実を採取利用している例もある。つまり、人間が苦労してトウガラシを辛くしたわけではなく、元から辛かった野生トウガラシを人間が栽培化したわけであ

る。むしろ、辛いからこそ野生トウガラシは人類に使われることになったと言うべきかもしれない。

野生のトウガラシが辛いということは、厳しい自然環境の中で生存していくうえで、そうなる必要があったからだと考えられる。だが、いったい、トウガラシは辛くなることでどのような恩恵を被ってきたのであろうか。これまでの研究で、二つの説が報告されている。

種子拡散の戦略

植物は自分の生息域を広げるために、次世代の種子をなるべく広い地域に拡散させる必要がある。そのために、あるものは種子に粘着性の物質や、鉤爪(かぎづめ)付きの細かい棘(とげ)をまとわせ、動物の体に付着するように進化したり、あるものは羽根や綿毛が種子につき、風に舞うように進化したりしてきた。同じように、植物の果実が甘かったり、場合によっては油脂を含んでいたりするのは、その糖や脂肪の栄養分で鳥や動物をおびき寄せて果実を食べてもらい、その中にある種子をより遠くに運んでもらうためである。また、種子が未成熟で発芽の準備ができていない段階では、果実の渋味や苦味が強くなるようにして、種子拡散者である動物や鳥に「まだだよ」と、その味で指示しているのだ。

しかし、鳥や動物に食べてもらうことで種子を拡散する方法には、ひとつ問題がある。動物が果実を食べる際、大切な種子までを噛み砕いてしまったり、胃や腸で消化してしまったりすると、目的は達せられない。このため、サクランボなどは、種皮を分厚くして、そういった被害から種子を守るように進化した。また、植物の中には、果実が地面に落ちるだけでは種子は発芽せず、動物に食べられることで硬い種皮が適度に消化されて発芽しやすくなるという、さらに一歩進んだ動物との関係を構築するように進化したものもある。

ネズミと鳥とトウガラシ

では、トウガラシはどうだろうか。

果実に刺激的な辛さを獲得したトウガラシは、甘味で動物や鳥を引き寄せる植物とは、一見、真逆の方向に進化したように思えるが、はたしてそうなのだろうか。

二〇〇一年、モンタナ大学のジョシュア・チュークスベリーと北アリゾナ大学のゲイリー・ポール・ナブハンが、トウガラシの辛さと、鳥や動物との関係について記した興味深い論文を学術誌「ネイチャー」に発表している。[1]

まず、彼らは米国のアリゾナ州南部の砂漠地帯で、チルテピンと呼ばれるトウガラシ野生種の観察を行った。前章でもふれたが、チルテピンは、世界で最も一般的なアニューム種の亜種グラブリスキュラムに属していて、パチンコ玉ほどの小さくて辛い果実をつける。筆者らの研究室でもこのチルテピンを栽培しているが、果実の辛味成分含量を計測したところ、一味唐辛子などに使われている「三鷹」や鷹の爪といった品種と同じくらいのカプサイシノイドを含有しており、実際に食べてみると結構辛い。

さて、このチルテピンだが、同論文によると、エノキの仲間の樹木の木陰で生育するとされ、そのエノキの仲間もチルテピンと似た形の果実をつけるのだそうだが（もちろん、辛くはない）、彼らの観察結果によると、昼のあいだはチルテピンの果実もエノキの仲間の果実も捕食者に食べられており、チルテピンを最も多くついばんでいるのがマルハシツグミモドキという鳥だった。一方、鳥が行動しない夜間になると、エノキの仲間の果実は引き続き食べられていたが、チルテピンの果実を食べる捕食者はなかったという。つまり、チルテピンの果実は、鳥だけに食べられていて、他の動物は食べていないということになる。

次に彼らは、その観察地に生息するサボテンシロアシマウスとサバクウッドラットという二種類のネズミと、前述のマルハシツグミモドキという鳥に、エノキの仲間の果実とチルテピンの果実を実験室で与え、本当に鳥しかチルテピンの果実を食べないのか確かめている。この時、別のトウガラシ野生種であるチャコエンセ種の果実も用いているが、これは、チルテピンの果実と見た目が似ているものの、まったく辛くない果実をつけるタイプの個体から収穫したものであり、辛味成分であるカプサイシノイドを含んでいなかった。こうして、辛味の有無で鳥や動物がどう反応するのか、比較することが可能になった。

結果、マルハシツグミモドキは、辛いチルテピンの果実、辛くないチャコエンセ種の果実、さらにエノキの仲間の果実とすべて食べてしまった。一方、サボテンシロアシマウスは、エノキの仲間の果実はよく食べ、チャコエンセ種の果実も少しだけ食べたが、チルテピンはまったく食べなかった。また、サバクウッドラットも、エノキの仲間の果実をよく食べ、チャコエンセ種の果実もエノキほどではないがそこそこ食べたものの、やはり、チルテピンの果実はまったく食べなかった。

以上の結果から、マルハシツグミモドキは、餌が辛くても問題なく食べることができる、すなわち辛さには鈍感であることが判明し、二種のネズミは、どうやら辛いのが苦手なのだろうということがわかった。

鳥は最強のパートナー

実際に鳥類は、トウガラシのカプサイシンを感じ取る受容体が哺乳類のものと比べて少し違っており、辛味をまったく感じないわけではないが、かなり鈍感とされる。古い文献をひもといてみると、ニワトリの元気がなくなった時にトウガラシを食べさせるとよい、というようなことが書いてあったりするので、鳥類が辛味に鈍感なことは、古くから知られていたのかもしれない。ちなみに、最近、カラスよけのネットにカプサイシンを練り込んだ商品があると聞いたが、実際に効果があるのなら、どうやらカラスは、他の鳥と違ってカプサイシノイドの辛味を感じることができるのかもしれない。

話を、先ほどの実験に戻そう。

最後に、二人の研究者は、辛くないチャコエンセ種の果実をマルハシツグミモドキ、サボテンシロアシマウス、サバクウッドラットに食べさせ、その糞から取り出した種子の発芽能力を調べた。なお、チャコエンセ種の果実を用いたのは、辛いチルテピンの果実だとネズミたちが嫌がって食べないことが前の実験でわかっていたからである。この結果、マルハシツグミモドキの糞から回収した種子は、果実から直接取り出した種子と変わらない発芽率を示したが、ネズミたちの糞から回収した種子にはまったく発芽が見られなかった。

その理由について、論文は詳しくふれていないが、鳥は果実を丸呑みするが、哺乳類、特に齧歯類(げっし)のネズミは、果実を食べる時にあの鋭い前歯で囓りつくことから、種子に傷がついたのではないかと推察される。また、消化器官についても、鳥類よりも哺乳類のほうが複雑であり、その消化の過程で発芽能力が失われてしまったのではないかとも考えられる。

他の植物と同様、トウガラシも、果実を鳥や動物に食べてもらい、種子を広い範囲に運んでもらえれば、種の繁栄に有利である。しかし、トウガラシの種子は、薄っぺらくて、いかにも弱々しく、哺乳類に咀嚼されたうえに、その長い消化器官の中を通り抜けることには耐えきれず、発芽能力を失ってしまう。そこでトウガラシは、サクランボのように、誰に食べられても耐えうる、頑丈で強固な種皮を獲得する方向ではなく、最適なパートナーだけに食べてもらうように進化を遂げた。そのパートナーが、鳥であった。鳥ならば、トウガラシの果実を食べても、発芽能力を維持したまま遠隔地に運んでくれるというわけだ。

しかし、哺乳類に食べられることなく、鳥だけに選択的に食べてもらうためには、一工夫が必要になる。それが、果実にカプサイシンを蓄積させるという思いもよらぬ方法だった。カプサイシンの刺激に鈍感な鳥、カプサイシンの刺激に敏感な哺乳類のネズミ——この辛味の感じ方の違いを利用して、トウガラシは進化してきたのである。

2　防御手段としての辛味

カメムシとカビとトウガラシ

前節で紹介した論文で、トウガラシは鳥に選択的に食べられるために辛くなったという説を唱えたチュークスベリーであるが、二〇〇八年には別チームとの共著論文で、果実が辛くなるようにトウガラシが進化した別の理由を説明している。[2]

これまでも何度か登場している野生種トウガラシ、チャコエンセ種であるが、チュークスベリーは、このチャコエンセ種の観察と実験をとおして、その進化の様相を研究した。

チャコエンセ種は、ボリビアのチャコ地方からアルゼンチンやパラグアイにかけて自生しているトウガラシであるが、その果実にフザリウムというカビの一種が感染すると腐り始め、その中にある種子にまで被害が及び、発芽できなくなってしまう。多くの植物の果実は、その表面が果皮で覆われており、これがカビや細菌などが入り込むのを防ぐ働きをしている。しかし、いったん果皮に傷がつくと、そこからカビや細菌などの侵入を許すことになる。チャコエンセ種の場合、あるカメムシ類の昆虫の幼虫が果実に針状の口を差し込んで汁を吸うことにより、果皮に微細な穴（吸汁痕）が開き、そこからカビが侵入する。チュークスベリーらの研究によると、果皮表面の吸汁痕が多い果実から得られた種子ほど、カビの被害が大きいことが明らかになっている。

さて、チャコエンセ種には、辛味を持つものと辛味を持たないものと二つのタイプがあるが、チュークスベリーらは、この両タイプの果実を用いて、カビの感染で種子が受けるダメージの違いを調べた。すると、辛いタイプの種子と比較して、辛くないタイプの種子は倍以上の被害を受けていることがわかった。さらに彼らは、辛味成分であるカプサイシノイドのうち、主要な成分であるカプサイシンとジヒドロカプサイシンがカビの増殖を抑える効果を有していることも培養実験で明らかにしている。

これらの結果から、トウガラシ果実中のカプサイシノイドが、果実や種子をカビの一種であるフザリウムから守っていることが明らかになった。

続いて、チュークスベリーらは、ボリビア東部の七ヵ所から採取したチャコエンセ種の果実を用いて、それぞれの果実の辛味成分とカメムシ幼虫の吸汁痕との関係を調べた。すると、果実表面にカメムシ幼虫の吸汁痕が多い地域の果実、つまりフザリウム感染のリスクが高い地域に自生する野生トウガラシの果実ほど辛味成分であるカプサイシノイドを多く含んでいることもわかった。

辛さは諸刃の剣

チュークスベリーらは二〇一一年にも、ワシントン大学のデビッド・ハークらとともに論文[3]を発表している。それによると、ボリビア南西部の二一ヵ所の降水量と、そこに自生する野生トウガラシ、チャコエンセ種の果実中の辛味成分を調べたところ、降水量の多い地域では辛味果実の割合が多く、乾燥気味な地域では辛味のない果実の割合が多かったという。

湿気の多い地域では、果実がフザリウムに感染し、果実中の大切な種子が死滅してしまうリスクが高い。そこで、トウガラシは、フザリウムの増殖を抑える効果を持つカプサイシノイドを果実中に蓄積させるように進化したのではないかと考えられる。

しかし、カプサイシノイドを果実中に蓄積させるのは、どうやらトウガラシ自身にとって負担になるようだ。というのも、チュークスベリーとハークらの論文は、カプサイシノイドを持つ、辛い果実を実らせるタイプのチャコエンセ種の種子は、種皮が薄くなる傾向があるとしているからだ。さらに、乾燥地域においては、種子の生産量が少なくなると報告している。

種皮が薄ければ、その分、強度も低くなり、鳥に食べられたとしても、糞として排出されたのちの発芽率は低下するだろう。また、産出される種子の数が少なければ、次世代の個体数の維持、もしくは増殖に支障を来すおそれがある。つまり、野生のトウガラシは、大切な種子をあえて弱くしたり、少なくしたりしてまでも、カビに対する防御能力を優先し、辛味を獲得してきたということになる。

このようなギリギリの攻防の中で、トウガラシは、生き残りをかけて進化してきたのである。

3 「辛味」という進化

赤い色は鳥へのラブコール

トウガラシは、果実の辛さが最も特徴的な形質だが、もうひとつ、トウガラシらしい形質として、成熟果実が赤いことも挙げられる。この赤い色は、カロテノイド、すなわちカロテンの仲間であるカプサンチン、カプソルビンといった色素によるものである。

先ほど紹介したチュークスベリーの二〇〇一年の論文の共著者であるゲイリー・ポール・ナブハンは、著書[4]の中で、鳥類の中には羽毛の発色を鮮やかにするために、カロテンを必要としているものがいると紹介している。トウガラシは、種子拡散者として有望な鳥類に選択的に食べてもらえるように辛く進化したという説を紹介したが、さらにカロテノイドを必要とする鳥類のために、その果実を赤くしたのだろうか。

鳥の羽毛の発色は、時に、繁殖のためのパートナーを見つけるために重要な役割を果たすことが知られている。もしかしたら、鳥たちはモテるために、せっせとトウガラシを食べているのかもしれない。

忌むべきはネズミかカビか

ここまで見てきたように、辛味獲得に至るトウガラシの進化に関しては、二つの説が存在することになる。ひとつは哺乳類（ネズミ）ではなく、鳥に選択的に食べられるようになるため、辛くなったという説と、蒸し暑い地域のトウガラシが、カビに対する防御能力を高めるために辛くなったという説だ。前者は、ネズミの糞の中の種子に発芽能力がなくても、鳥の糞の中のものは発芽可能であること、後者は、カビの感染による発芽能力の低下を防ぐことと、二つの説とも種子の発芽能力をめぐって展開されたものであり、結果的にどちらも最終的には辛くなるよう進化する。だが、その過程はまったく異なるものだ。さて、どちらが正しいのだろうか。トウガラシが最も忌むべきはカビだろうか、ネズミだろうか。

この二つの学説の舞台となったのは米国アリゾナ州と南米ボリビアであるが、ボリビアは、前章に示したように、トウガラシの祖先野生種が生まれた場所と推測されている。カビの感染による発芽能力の低下を防ぐためにカプサイシノイドを獲得したという二つ目の説は、このトウガラシの故郷ともいえる地域での観察と研究の結果である。

ここから考えるに、おそらく、この地域のトウガラシ野生種が、まず、カビを回避するためにカプサイシノイドを果実中に獲得するように進化したのだろう。そして、動物には食べられないという効果がカプサイシノイドにあったことから、理想的なパートナーである鳥だけに食べられることになり、効率的に種子が拡散し、中南米各地に広く伝播していったのではなかろうか。さらに、優秀な拡散者である鳥にとって魅力的な色素、つまり羽をより鮮やかにするカロテノイドを豊富に持つように進化したのではないだろうか。

このようにして効率的に種子拡散と伝播が行われたと考えると、前章で述べた説、すなわち、あるひとつの地域での野生トウガラシの栽培化により、栽培種がひとつ生まれ、そこから他の四種に分化していったのではなく、共通の祖先野生種が中南米各地に広がり、それぞれの地域で別々に栽培化され、五種もの栽培種が生まれたという説も、納得できるものとなろう。

ところで、哺乳類に食べられないように進化した結果、辛くなったと考えられているトウガラシであるが、ある哺乳類の一種が、逆にその辛味を好むようになり、結果、その生息域を、ほぼ全世界に広げることになる。その哺乳類、つまり「ヒト」は、鳥以上の理想的なパートナーだったのかもしれない。しかし、トウガラシがそこまで見越して自らの果実を辛くするように進化していたとしたら……そう考えると、ちょっと怖いものがある。

第四章　トウガラシの辛味あれこれ

1　トウガラシ　辛味の正体

辛味成分カプサイシン

トウガラシの果実が辛いのは、カプサイシンという成分が原因であることは多くの人が知っていると思う。しかし、一口にカプサイシンといっても、実は構造が似た物質が二〇種類ほどもあり、化学的にはそれらをまとめて「カプサイシノイド」と総称している。

ただし、トウガラシ果実を高速液体クロマトグラフィー（略称ＨＰＬＣ）という化学分析装置で測定してみると、カプサイシノイドの中でも、カプサイシン、ジヒドロカプサイシン、ノルジヒドロカプサイシンの三種類しか検出されない。その他のカプサイシノイドは、我々の研究室で使っているレベルの計測機械では測りきれないほど微量か、もしくはまったく含まれていないかのどちらかだろう。いずれにせよ、これらの三成分だけが、トウガラシを食べた時に感じる辛味に影響していることは間違いない。

実際に検出されるこれら三種類の物質の中でも、最もトウガラシ果実中に多く含まれているのはカプサイシンで、次にジヒドロカプサイシンであるが、ノルジヒドロカプサイシンは、その二つに比べると微量しか含まれていない。また、辛さの感じ方もそれぞれ違っていて、ノルジヒドロカプサイシンは、カプサイシンの半分の強さの辛味しかないとされる。また、ジヒドロカプサイシンは、カプサイシンと同等の辛味強度を持っているが、辛味が口に残るといわれており、ジヒドロカプサイシンよりカプサイシンの含量が多いトウガラシのほうが「切れのよい」、上質の辛味があるとされている。

実際に、ジヒドロカプサイシン含量の多いトウガラシ品種の果実を食べてみると、いつまでもダラダラと辛味が口に残るような気がしないでもない。しかし、科学的にそのダラダラ感を計測したわけでもなく、そういう先入観が感じ方に影響しているのかもしれないので、あくまでも個人的な感想ということにしておきたい。

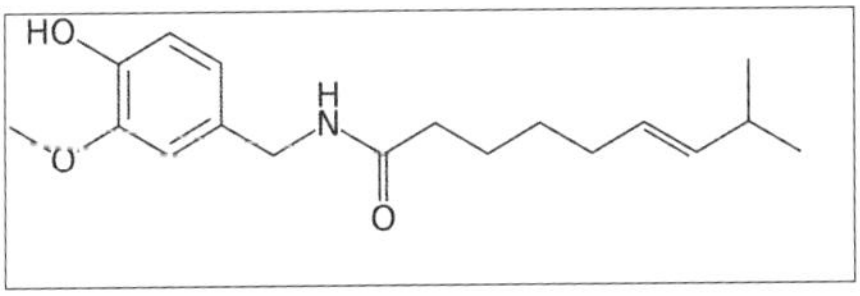

カプサイシン化学構造式

カプサイシンを作れないピーマンとパプリカ

さて、この辛味成分カプサイシノイドを化学式で表すと、どれも六角形の亀の甲にギザギザした尻尾がついたような形になっている。この六角形の亀の甲形（ベンゼン環）に－OH（ヒドロキシ基）が付いたものはフェノール類と呼ばれており、ギザギザした尻尾は脂肪鎖という。

トウガラシにおいて、カプサイシノイドは果実中の隔壁と呼ばれる組織内の細胞で合成されるが、その際、まず、フェノール類と脂肪鎖が別々の合成経路で生合成されていき、最後にこれら二つが結合してカプサイシンをはじめとしたカプサイシノイドが完成するのである。

なお、ピーマンやパプリカなどのまったく辛味のないトウガラシ品種では、この合成経路の最後の段階が機能しない。というのも、フェノール類と脂肪鎖の二つの原材料をつなぎ合わせる酵素をコードしている*pun1*という遺伝子に変異があって働かなくなっているからだ。このためピーマンやパプリカなどは、カプサイシノイドを合成することができず、辛くなることはありえない。

一方、辛味がないか、感じられない程度であるために、野菜として扱われているししとうや、京野菜の「万願寺」、「伏見甘長」などの甘味トウガラシ品種は、ピーマン類とは違い遺伝子が正常に働くことから、時々、何かの拍子で辛い果実が出てしまう。これについては、本章後半で、詳しく説明する。

カプサイシン以外の植物辛味成分

強烈な辛味物質であるカプサイシンは、植物の中でもトウガラシだけが持っている物質であり、他の植物からは見つかっていない。ちなみに、同じ辛味を持つ植物でも、コショウはピペリン、サンショはサンショオール、ショウガはショウガオール、またはジンゲロールという別の辛味成分が関与しているが、いずれも辛味の強さはカプサイシンには及ばない。

トウガラシとはまた違ったタイプの強烈な辛さを持つワサビについては、アリルイソチオシアネートという物質がその辛味の正体であり、カラシや大根おろしの辛さも、これと同じ成分である。このアリルイソチオシアネートという物質は、生きている植物の細胞の中ではシニグリンという別の物質の状態で含まれており、その細胞が壊れるとミロシナーゼという酵素が働いて分解され、辛いアリルイソチオシアネートが発生するという仕組みになっている。

ワサビやカラシナ、ダイコンなどのアブラナ科の植物は、虫や動物に植物体が囓られると、それ以上は食べられないように、かじられた部分、すなわち細胞が潰れた部分を辛くして、その被害を食い止めようとする。大根おろしが、おろしたてより少し時間が経ったほうが辛くなるのは、細胞が壊れてからの酵素活動で徐々に辛くなっているからであり、鮫肌の細かい目のおろし器でおろしたワサビが辛くなるのは、より細胞がつぶれているからなのである。

先ほど、ワサビの辛さを、「トウガラシとはまた違ったタイプの強烈な辛さ」と書いたが、ワサビの辛さが鼻にツンとくる一方、トウガラシは口の中だけがジリジリと辛いだけで、鼻にまでは刺激が届かない。これは、ワサビの辛味成分アリルイソチオシアネートは揮発性が高く、口の中に入れると体温で気化して、その刺激性ガスが鼻に到達するからである。一方、トウガラシのカプサイシンは、揮発性がそんなに高くないので鼻にツンとこない。このようなアリルイソチオシアネートの性質を知っておくと、ワサビを食べても鼻にツンとこない食べ方が自ずとわかってくる。鼻から息を吸って口から吐き、刺激性のガスが鼻に届かないようにすればよいのだ。

2　辛味をめぐるいくつかの誤解

どの部位に辛みがあるのか

話をトウガラシに戻そう。

植物の中で唯一トウガラシのみが持つ辛味成分カプサイシンであるが、葉や茎、根にはまったく存在せず、果実にしか見られない。以前、あるところでこの話をしたら、「葉トウガラシの佃煮が辛かったので、葉にもカプサイシンが存在するはずだ」と、私に力説する方がおられたが、それは、トウガラシ果実を葉と一緒に煮ているから辛く感じるのであって、葉にカプサイシンがあるからではない。さらにいえば、トウガラシ果実でも、果実内の空洞を分けている板状の組織「隔壁」の部分でカプサイシンは合成されているのであり、一部の例外的な品種を除いてそこにしか蓄積されていない。

よく「トウガラシは種子が一番辛い」といわれるが、残念ながらそれは誤りであり、種子にはカプサイシンを合成したり、蓄積したりする能力はまったくない。果実内で、種子は、隔壁やそれにつながる胎座と呼ばれる部分に引っついているので、登熟する時、または乾燥する時に隔壁表面の細胞から放出されたカプサイシンが種子表面に付着することがある。それで種子自体が辛いと思われるようになったのだろう。

だが、お料理の先生が、「鷹の爪はタネが辛いので、取り出してから使えば辛味が弱まります」と指導しているのは、あながち間違いではない。乾燥したトウガラシ果実から種子を取り出すと、乾燥で脆くなった隔壁の組織もとれてしまうからだ。

なお、少し前まで、トウガラシの辛味成分の合成と蓄積は、「胎座」という、種子がついている果実中央からヘタに続く組織で行われているとされていたが、富山大学（当時。現・東京農業大学）の杉山立志先生の研究で[1]、辛味成分を合成する機能は、胎座ではなく隔壁に存在することが明らかになっている。隔壁と胎座はつながっていて、品種によってはその二つを区別するのが難しいため、これまで胎座で、もしくは胎座および隔壁で合成蓄積されるとされてきた。しかし、杉山先生は、胎座と隔壁がはっきりと区別できる品種「ハバネロ」の果実を調べることで、辛味成分が合成・蓄積される場所を確認したのだ。

ちなみに、そのハバネロよりも遥かに辛い「トリニダード・モルガ・スコーピオン・イエロー」という品種の果実は、隔壁だけでなく果皮（いわゆる「果肉」に当たる食べる部分）でもカプサイシンを合成・蓄積できることも岡山大学（当時。現・京都大学）の田中義行先生らの研究で明らかになっている[2]。このため、この品種のカプサイシン含量は、ずば抜けて高い。これが、ハバネロといった品種より、トリニダード・モルガ・スコーピオン・イエローが断トツに辛い理由なのである。

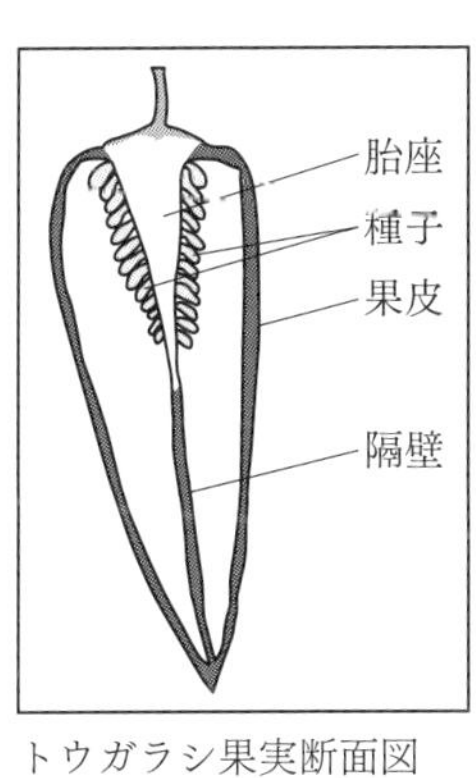

トウガラシ果実断面図

赤と緑のトウガラシ、どちらが辛いか

もうひとつ、人が勘違いしがちなことに、緑のトウガラシと赤いトウガラシとでは、どちらが辛いか、ということがある。おそらく、未熟な緑の果実のほうが、成熟した赤い果実より辛味が弱いように思っている人のほうが多いかもしれないが、実は同じ品種、もしくは同じ個体からとれる果実で、果実の大きさが同程度ならば、緑のほうが辛いはずである。

トウガラシの花が受粉すると、果実は徐々に大きくなっていくが、果実成長が止まるまでは緑のままで、赤くはならない。赤くなるのは、果実成長が終わったあとで、十分大きくなってから成熟することにより、果実が色づいていく。トウガラシ果実内のカプサイシノイド含量は、果実が成長するにしたがって増加していき、果実成長が止まったあたり——つまり、赤くなる直前の緑の状態の時に、最も多くなっていることがわかっている。その後、赤く成熟していくにしたがい、果実中のカプサイシノイドは分解されて、徐々に減っていくのだ。ただし、その時のカプサイシノイドの減り方は、成長していく時の増加に比べて推移が穏やかなので、実際に食べてみると、緑の果実と赤い果実のどちらも同様に辛く感じるのである。[3]

3　辛さと肥料

環境に影響されやすいトウガラシ

さて、トウガラシを扱う食品メーカーの担当者と話をしているとわかるのだが、どの会社もそろって苦労しているのが、品種が同じでも、産地、年次、生産者によって辛味に違いが出てしまうことだ。商品の品質を安定させるために、食品メーカーは、みな、頭を悩ませている。どうも、トウガラシは環境に影響されやすいようだ。

では、トウガラシの栽培環境において、土壌、気温、水分など、数ある栽培条件のうち、いったい、どの要因が最も辛味に大きく影響を与えているのであろうか。

実は筆者も食品メーカーと同様、トウガラシの辛味を安定させることに苦労している一人である。研究のために長野県内各地の農家の畑を借りて栽培試験を実施しているのだが、ある年のこと、同じ地域内でまったく同じ品種を栽培したにもかかわらず、数軒の農家で収穫されたトウガラシ果実だけ、辛味が非常に弱くなってしまったことがあった。そこで、これは土壌成分の影響ではないかと睨み、これら地域を含む、長野県内四ヵ所の圃場から採取した土壌を詰めたポットで、一般的な辛味トウガラシ品種である鷹の爪、および三鷹を同じ条件で栽培し、収穫した果実の辛味成分カプサイシノイドの含量と土壌中に残存していた肥料成分含量の関係を調べてみた。[4]

この結果、土壌中に含まれる肥料成分のうち、窒素、およびカリウムについては、カプサイシノイド含量とのあいだに関係性はみいだされなかったが、可給態リン酸（植物が肥料として吸収利用することのできる状態のリン酸）の量が増加すると果実の辛味が弱くなる傾向が見られた。

また、四ヵ所の採取土壌のうち、二つの土壌では、一般にピーマン、トウガラシ栽培時に推奨されるリン酸の適正な濃度を越えており、その土壌で栽培したトウガラシは、辛味成分含量が低くなっていることも判明した。

辛味量を左右するリン酸肥料

さらに肥料成分と辛味の関係を詳細に調べるために、窒素、リン酸、カリウムの三要素の施用量が異なる土壌でトウガラシを栽培し、果実中のカプサイシノイド含量を計測してみたところ[5]、カリウムとのあいだには何ら関係性は見られなかったものの、窒素とリン酸については施用量によって辛味成分含量が変化することがわかった。

まず、窒素成分についてみると、施用量が多くなると辛味成分含量もわずかに増加していく傾向が見られたが、統計学的にはっきりとした関係性があると言い切れる程度のものではなかった。次に、リン酸についてみると、まったくリン酸を施用しなかった土壌や、リン酸を過剰に施用した土壌では辛味が弱くなるが、適量のリン酸を施肥したものは、最も辛味成分含量が高くなるという傾向が見られた。

以上の結果から、トウガラシ果実中のカプサイシノイドは、リン酸の施用量に影響を受け、欠乏していても過剰であっても含量は低くなると考えられた。

こういった研究は、実は、過去にもなされており、我々の結果と一致するところも見えている。まずは、少し古い一九六一年の研究成果から紹介しよう。

岐阜大学農学部の小菅貞良氏と稲垣幸男氏は、果実が上向きに房成りする一般的なトウガラシ品種、八つ房を用いて、栽培時の施肥量によって辛味がどう変化するかという試験を行った[6]。その結果、窒素肥料の施用量を増加させると、収量も、果実中のカプサイシノイド含量も同時に増加すると しており、また、リン酸肥料の施用量を多くすると、収量は増加するものの、カプサイシノイド含量はむしろ減少したと報告している。
　次に紹介するのは一九七二年の研究で、弘前大学の嵯峨紘一先生（当時）が、日本で最も一般的な品種である鷹の爪を砂と培養液で栽培して、その培養液中の肥料成分によって、辛味がどう変化するかを確かめる試験を行い、窒素、リン、カリウムの三要素中でカプサイシン含量に最も影響するのはリンであると報告している。また、この報告では、トウガラシ果実の発育が最もよかったリン濃度の培養液で、カプサイシン含量も最大になり、それ以上のリン濃度では、やや減少するとしている。[7]
　以上の様々な研究により、土壌中の肥料成分によって辛さが左右されることが明らかになったが、実際の畑で栽培してみると、どうも肥料の量だけでは辛味を完全にコントロールできないというのが筆者の個人的な見解である。多くの要因によって影響されるトウガラシの辛味を制御するのは、容易ではないようだ。

4　ししとうをめぐる謎

甘いししとう、辛いししとう

　焼鳥屋で食べるものといったら、ししとうの串焼きは外せない。トウガラシの研究をしているからというわけでもないのだが、焼鳥屋に行くと、必ずといっていいほど食べている。何本か食べると必ず辛いししとうに出くわすのだが、それがまた楽しい。普通の辛くないししとうも悪くないが、ピリッとアクセントの利いたししとうは格別である。

しかし、このように、辛いししとうに出くわすことが楽しいと思ったり、辛いししとうが格別などと言ったりする人はあまりおらず、むしろ、それが商品としてのししとう販売においては解決すべき課題とされている。

辛いししとうが発生する理由については、栽培時の土壌の乾燥[8]や高温・乾燥条件[9]などが挙げられており、どうも栽培時にストレスがかかると、ししとうは辛くなってしまうようだ。同じような話を生産者からも聞いたことがあるので、それはほぼ間違いないだろう。

それでは、そのようなストレスにあったししとうの果実は、なぜ、辛くなってしまうのであろうか。また、辛さ以外に何か変化は起こっていないのであろうか。

謎に迫った夏休みの自由研究

それを調べるのに、高価な実験器具や最新の施設はいらない。というのも、当時小学校三年生だった我が家の長女が、夏休みの自由研究でやってのけたからだ。彼女は市販のししとうの果実を何個も何個も舐め続け、辛い果実を探し当てるという実験にチャレンジしたのだった。

彼女が夏休み中に舐めたししとう果実は合計二二四個に及んだが、そのうち辛かった果実は一七個あり、さらに凄く辛かった果実が一個だけ見つかったそうだ。

次に、辛かったししとう果実をつぶさに観察したところ、その中の種子数が少なかったことに注目し、それら一七個の辛い果実の種子数と、辛くなかった果実の中からランダムに選んだ二五個の果実の種子数を数えて、その両者を比較した。その結果、通常の辛くない二五個の果実では、一個当たりの種子数の平均は一二七・二個（最大二一〇個、最小七五個）であったが、辛かった果実一七個の種子数の平均は七六・四個（最大一三九個、最小二五個）と少なく、さらに、凄く辛かった果実に至っては、種子数はたったの二一個だった。我が愛娘の夏休みの宿題のおかげで、辛いししとうでは種子の数が少ない傾向にあることが解ったのである。[10]

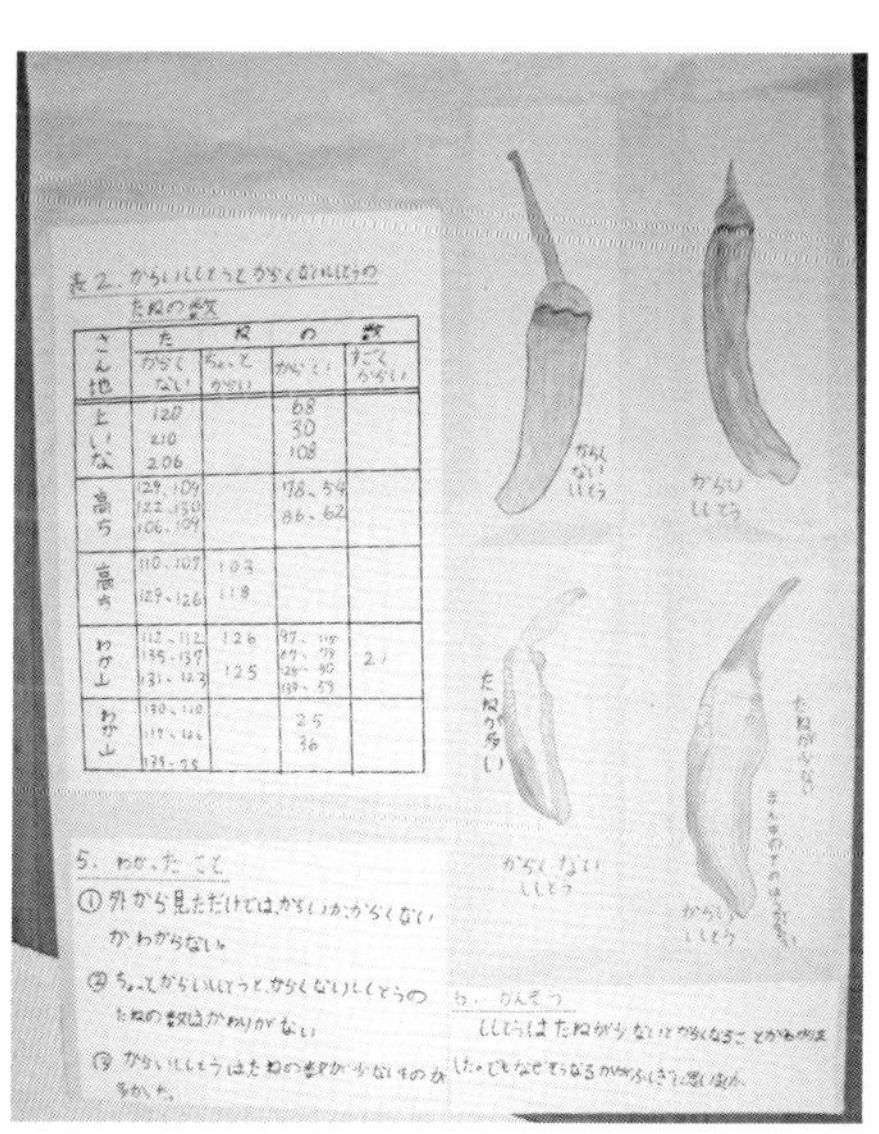

ししとうの辛さの謎に迫った夏休みの自由研究

とはいえ、長女は、たった一人で実験をしなければならなかったので、すべての果実の種子数を計測することはできなかった。そのため、辛くない果実については、ランダムに選んだ果実のみの調査になっている。しかし、辛くないししとう果実についても調べておいたほうがいいので、同様の調査を継続することにした。筆者の講義を履修している学生一〇〇名あまりにししとう果実を配布し、その辛味の有無と種子数の計測をしてもらうことにしたのだ。その結果、三年間の累計で全三七五個のししとう果実（市販品）の辛味の有無と、その種子数を調べることができた。

これらの果実のうち、辛くない果実は全体

の八五・六パーセントに当たる三二一個で、一果実当たりの種子数の平均値は一〇五・〇個、最大で二三三個、最小で一〇個という結果になった。これに対して辛かった果実は全体の一四・四パーセントに当たる五四個で、一果実当たりの種子数の平均値は二九・五個、最大で七八個、最小で三個だった。この結果は、長女の調査結果とほぼ一致し、種子の少ない果実のすべてが辛くなるわけではないが、辛い果実はおおむね種子数が少ないということが明らかになった。[11]

単為結果と辛味

さて、このようにししとう果実の種子が少なくなってしまうのは、単為結果という現象によるものと考えられる。

単為結果とは、植物の花が何らかの影響により、受粉または受精に失敗して種子ができなかったにもかかわらず、果実だけはちゃんとできてしまう現象のことである。先に栽培中の乾燥や高温などのストレスにより、辛いししとう果実が発生しやすくなるとの報告を紹介したが、おそらく、そのようなストレスにより受粉もしくは受精が上手くいかず、単為結果が起こってしまったのだろう。

単為結果と辛味の因果関係を明らかにすべく、筆者らは、実験的に単為結果を誘発させ、種子のないししとう果実を作りだして調査を行った。[12]まず、ししとうの開花前に雌しべを切り取り受粉できないようにしておいて、次にこの花の中の「子房」と呼ばれる、のちに果実になる部分に、果実成長を進める植物ホルモンの一種を塗布し、種子のない果実を作り出す。そして、この単為結果によって生まれた果実と、受粉して種子ができた通常の果実の辛味成分含量を比較してみたのだ。

その結果、実験的に作りだした無種子果実はすべて辛味を有していたのに対し、通常の受粉によりできた正常な有種子果実はまったく辛くなかった。これと同様、人為的な単為結果によりししとうの辛味果実を得た実験例は他にもあり[13]単為結果が辛味の増大の原因であるのは、ほぼ間違いあるまい。

トウガラシ種子の種皮には、リグニンという成分が含まれており、成熟すると種皮を硬くし、種子を守る。一方、カプサイシノイドやその前駆物質（原材料となる化学成分）であるフェノール類は、果実内で一部が分解されてリグニンに近い物質に変化することが知られている。[14]単為結果により種子がない、あるいは少ない果実が形成された場合、種皮のリグニンに移行すべきフェノール類の行き場がなくなってしまい、カプサイシノイドの合成量が多くなるのではないかと考えられる。[15]

なお、ピーマンやパプリカに分類される甘味トウガラシ品種は、遺伝的にカプサイシノイドを産生する能力が完全に損なわれているが、ししとう、伏見甘長、または万願寺などの甘味品種は、遺伝的にカプサイシノイドを生産する能力は保持している。このため、単為結果で辛味果実が現れるが、ピーマンやパプリカでは単為結果による果実が発生しても辛味成分はない。

ちなみに、筆者らの調査によると、辛味品種の鷹の爪は、単為結果により、通常の果実よりもカプサイシノイド含量が多くなる――すなわち辛味が強くなることもわかっている。[16]

辛いトウガラシの花粉がつくと、ししとうは辛くなるか

トウガラシ、またはピーマンやししとうの生産者からよく尋ねられるのが、それぞれの生産物の花に鷹の爪などの辛いトウガラシ品種の花粉が受粉すると、その果実は辛くなるのか、という質問であ

る。

通常、受粉後に花粉親の形質が現れるのは、次世代の種子から成長した植物体であるが、場合によっては、受粉受精後の種子にその形質が現れることもある。例えば、モチ性のイネを母本としてウルチ性のイネの花粉を交配してできる種子は、ウルチ性になる。このような種子中の胚乳の形質に交配当代の花粉親の影響が見られることを、「キセニア」と呼ぶ。また、ナツメヤシでは果実の大きさや熟期が花粉親の影響を受けることが知られているが、このような花粉親の影響が胚乳以外の果実などに及ぶ現象は「メタキセニア」と呼ばれており、リンゴ、ナス、カキ、ワタなどでも同様の現象が見られる。[17]

では、トウガラシの場合、メタキセニア現象は起こるのであろうか。そして、それによりカプサイシン含量が変化することはあるのだろうか。

甘味品種である「大獅子」と伏見甘長に、辛味品種の鷹の爪の花粉を受粉させて、その交配当代果実を調べた実験では、辛味成分含量に変化はなかった、すなわち、メタキセニア現象は起こらなかったとしている。[18] また、筆者らのこれまでの研究[19]においても、甘味品種ししとうおよび伏見甘長に対して、「日光」をはじめとした辛味品種・系統とを正逆、すなわち辛味母×甘味父、甘味母×辛味父の双方向で受粉したところ、いずれの組み合わせでも辛味に花粉親の影響は見られず、メタキセニア現象は見られなかった。

これらの試験で供試した伏見甘長、ししとうは、甘味品種とはいえ遺伝的にカプサイシノイド合成能力を持った品種であり、もし、これらの品種を栽培していて辛味果実が着果した場合は、メタキセニア現象ではなく、前述のような開花期のストレスによる単為結果だと考えるべきであろう。

結論的にいって、ピーマンやパプリカなどのカプサイシノイド合成能力をまったく持たない品種が、辛味品種の花粉を受粉することにより果実が辛くなることはない。だが、実際のところ、そういったことが起きると信じている方は少なくない。察するに、これは使用した種子が自家採種の際に他の辛味品種との自然交雑により雑種となっていた、もしくは、他に原因があるとするならば、辛味品種を台木に使っており、台木から伸びた側枝に着果した果実を収穫してしまったことなどが考えられる。いずれにせよ、ピーマンやパプリカはどうやっても辛くはならないはずである。

第五章　機能性食品トウガラシ

1　トウガラシ・ダイエット

名著『トウガラシ　辛味の科学』

第三章で示したとおり、一説によれば、トウガラシは哺乳類ではなく鳥類に選択的に食べてもらうために、果実にカプサイシノイドを蓄積させるように進化したが、その刺激的な味を持つがゆえに、忌避すべき哺乳類の一種である我々人間によって利用されるようになり、その生息域を世界中に広めたのは、ある意味、皮肉な話である。

さらに、最近では、その刺激が味としてではなく、別の側面で人間の注目を引くようになってきた。カプサイシンが持つ、様々な健康効果（機能性）という面である。

トウガラシの健康効果についいては、『トウガラシ　辛味の科学』（幸書房）に詳しい。健康効果のみならずトウガラシに関する幅広い研究結果が解説されており、トウガラシ研究者が常に手の届くところにおいて参考にしているといっても過言ではない名著である。

しかしながら、この本は研究者、技術者向けの書籍なので、少々専門的である。そこで、ここでは、トウガラシの持つ健康効果について、少し咀嚼して説明していきたい。

脂肪を燃やすカプサイシン

まずは、カプサイシンの持つ健康効果の中で最も知られているダイエット効果から説明しよう。

実際にトウガラシ入りの激辛料理を食べると、ただ口で辛く感じるだけではなく、明らかに体にも変化が起こることは皆さんも体験済みであろう。辛い料理を食べると暑く感じたり、汗が噴き出したりするが、あの体の反応こそが体の中で脂肪や糖が燃焼している証拠であり、カプサイシンの持つダイエット効果のひとつの現れである。

さて、背脂がたっぷり入った、こってりスープのラーメンにバラ肉のチャーシューをドンとのせたものを、三食一〇日間食べ続けたらどうなるだろうか。かなりハードに運動して、食べた分の脂肪を消費することができればまだしも、普通に生活しているだけでは間違いなく太ってしまうだろう。これに似たような状況をラット（マウスより大型のネズミ）に与えた実験を、京都大学の研究グループが実施している。もちろんラットにこってりラーメンを食べさせたわけではない。背脂と同じく豚の脂が原料であるラードをたっぷり入れた餌を一〇日間食べさせたのだ。そして、一部のラットには、このラードたっぷりの餌にカプサイシンを混ぜ込んだものを食べさせて比較するというのが、このグループが行った実験だった。

混ぜ込んだカプサイシンの量は、タイの人々が一日に食べているトウガラシに相当するとのことなので、結構な辛さの餌になっていたであろう。さらにこの研究では、そのカプサイシン量を一・五倍にした餌と、半分にした餌を用意し、実際に食べさせたラットを比較をしている。第三章でも示したように、辛いものが苦手なはずのネズミが、よくそんな餌を食べたものだと感心するが、この実験がきちんと成立していることから推察すると、他に食べるものがない状況だと、ラットは辛くても食べてしまうのかもしれない。

こうして、カプサイシン入りの餌を食べたラットの腎臓周辺を調べたところ、脂肪組織の量や血中の中性脂肪の値が、カプサイシンを食べていないラットよりも少なかったという。さらに、餌に混ぜ込んだカプサイシンの量が多いほど、脂肪組織や中性脂肪の量が少なくなるという結果も得られた。どうやら、カプサイシンには脂肪の蓄積を抑える、もしくは蓄積する前に消費させる能力があるようだ。ただし、このラットによる実験結果が、日常生活の様々な影響にさらされている人間にそのまま適用できるというわけではないので注意していただきたい。

とはいうものの、この実験結果により、少なくともラットの体の中では、明らかにカプサイシンが働いていることが判明した。

では、カプサイシンを与えたラットの体内では、どのようなことが起こっているのであろうか。同じくラットを使った様々な実験により、その仕組みが明らかになっている。

辛さが促す「逃走か、闘争か」ホルモン

まず、カプサイシン入りの餌を食べることにより、交感神経（活動している時や緊張している時に働く神経）が刺激され、腎臓の隣にある副腎と呼ばれる器官からアドレナリンが分泌される。アドレナ

リンは「逃走か、闘争かのホルモン」とも呼ばれており、何らかの危機に瀕し、逃げるとか、戦うとかといった行動を取らざるをえない時に分泌されるホルモンである。具体的には、アドレナリンが分泌されると、身体を緊急事態に対応できるようにするために、肝臓に蓄えられたグリコーゲンを分解して血糖値を上昇させるとともに、脂肪組織でも脂肪を分解して血中遊離脂肪酸値を上昇させるのである。要するに、すぐにでも体を動かせるように、エネルギー源を血中に供給しておくわけだ。トウガラシのカプサイシンを摂取すると、特に何の危機に瀕してなくてもアドレナリンが分泌され、「逃走か、闘争か」といった場合と同様のことが体内で起きる。

さらに、カプサイシンにより刺激された交感神経が、褐色脂肪組織という体内器官にも作用することが知られている。この褐色脂肪組織とは、先ほどふれたアドレナリンが作用する体脂肪貯蔵器官としての脂肪組織（白色脂肪組織とも呼ばれる）とは違って、体内で熱を発生する働きがある。特に、赤ちゃんの体温維持には重要な器官とされ、成長して大人になっても体熱産生を行っているとされる。この褐色脂肪組織がカプサイシンの摂取により活性化され、体熱の産生が促進されるのだ。

この白色脂肪組織と褐色脂肪組織における二つの作用により、体に蓄えられた体脂肪が分解され体熱産生が促進される、すなわち、忌まわしき体脂肪が燃焼されるというわけである。トウガラシを食べると体が熱くなる我々も、こういったことが体の中で起こっていると考えてよい。

本当にダイエット効果はあるのか

先ほど、ラットを用いた動物実験結果が人間にも同様に適用できるというわけではないと書いたが、人間のトウガラシの摂取による代謝の変化を見た最初の実験が一九八六年に報告された。[2]

この研究によると、三グラムずつのトウガラシソースとマスタードソースを添加した食事を食べると、添加しなかった場合より、食事誘発性体熱産生（Diet-induced thermogenesis; DIT）が著しく高まるという。このDITとは、食事を摂ったのちに起こる代謝の活発化のことであり、安静にしていても食べるだけで増える代謝量を示している。DITは、一日の消費エネルギーのおおむね一割程度とされているが、スパイシーなソースを食事に加えることにより、それが増えるというのである。

この他、人間を対象に行われた様々な実験結果を紹介すると、[3]例えばカプサイシノイド含量が〇・三パーセントのトウガラシ一〇グラムを加えた食事を摂取した中長距離ランナーが、安静時、および運動時のいずれにおいてもアドレナリン濃度が高くなったことや、二〇〜三〇歳の女性に高炭水化物食、または高脂肪食を食べさせたところ、カプサイシノイド含量が〇・三パーセントのトウガラシ一〇グラムを加えた場合においてDITが高まったことなどが報告されている。また、トウガラシを添加した食事を摂ると、次の食事の量が減少するとの報告もあり、さらに、この他にもいくつかの関連する報告が見られることから、トウガラシのカプサイシンによる人間へのダイエット効果は、ある程度は科学的にも証明されているようだ。

――と、講演会や講義などで、トウガラシのダイエット効果について一通り説明していくと、なんだか会場が微妙な雰囲気になっていくのが、ひしひしと感じられる。そう、説明している私自身が、いわゆるメタボ体型であり、非常に残念なことに、聴講者がトウガラシ・ダイエットの効果に対して懐疑的にならざるをえないのだ。そんな時に、必ず、このように言い訳をすることにしている。

「皆さん、トウガラシにはダイエット効果以上に、非常に強力な効果があるのをご存じですか。それは食欲増進効果です！！！」

2　体を温めるトウガラシ

実践！　トウガラシ・ウォームビズ

私が勤める信州大学は、環境ＩＳＯ１４００１の認証を得ており（残念ながら二〇一六年度をもって返上）、環境マインドを持つ人材の育成に努めている。この認証を受けると、大学の教職員だけではなく、キャンパスの構成員である学生や生協職員も含めて全員が参加することが求められる。そのため、学生も環境ＩＳＯ学生委員会という組織を結成して、キャンパス内の様々な環境活動を実施している。

数年前、農学部の環境委員会委員だった私は、その業務のひとつとして環境ＩＳＯ学生委員会の顧問も担当し、日夜、学生たちと一緒に、楽しくエコキャンパスづくりを進めていた。そんなある日、秋も深まって肌寒くなってきた頃の話である。環境学生委員の学生たちが、新しい企画への協力依頼のために私の研究室にやってきた。これから冬にかけて「トウガラシ・ウォームビズ」を実施したいというのだ。

学生たちによれば、様々な唐辛子を使った調味料を学食に置き、学生や教職員に自由に利用してもらい、トウガラシのカプサイシン効果で体を温めることによって、暖房の設定温度を一～二度下げ、エコにつなげようという企画だという。ただでさえ寒さの厳しい信州の冬、快適、かつエコに過ごすためにトウガラシの機能を活用するという農学部の学生らしい着想だ。

早速、私はこの学生企画の実現のために、共同研究などのおつきあいがある食品企業等にいくつか唐辛子調味料を提供してもらえるようお願いし、学食にずらりと並べることができた。この企画の評判は上々で、多くの学生や教職員に唐辛子調味料を食べてもらえたので、しっかりと温かくなってもらえたことと思われる。ただ残念なことに、これらのトウガラシ調味料を食べたあとにどれだけの体温上昇があったとか、暖房費の節約にどれだけ貢献したのかといったことについては未調査であり、恥ずかしながら実際の効果は不明である。

ウォームビズ用の七味唐辛子

さらに、二冬目からは、企画開始当初からご協力を仰いでいた善光寺門前の七味唐辛子の老舗・八幡屋礒五郎(やわたやいそごろう)さんにお願いして、特別に私と学生委員会で調合したトウガラシ・ウォームビズ用の七味唐辛子を提供してもらうことになった。

日本各地には、様々な七味唐辛子があるが、そのお店によって、それぞれ独自の調合がなされている。例えば日本三大七味として知られる京都産寧坂の七味屋本舗、東京浅草のやげん堀中島商店、そして八幡屋礒五郎といった老舗でも、調合される七つの薬味が少しずつ異なっている。この中で、信州、八幡屋礒五郎の七味だけにはショウガが含まれていることが、その特徴のひとつとされている。

古くからショウガには体を温める効果があると信じられており、やはり、寒さ厳しい信州で育まれてきた七味唐辛子でもあるので、ショウガが加えられるようになったのであろう。

生のショウガに含まれているジンゲロールや、乾燥、または加熱調理したショウガに含まれるショウガオールは、カプサイシンほどではないものの辛味があることが知られている。これまでの動物実験による研究により、ジンゲロールが口内のカプサイシン受容体に反応すること[4]や、ショウガの香気成分であるジンゲロンにエネルギー代謝促進効果があり、ジンゲロンとジンゲロールを同時に摂取するとその効果が大きいこと[5]などが報告されている。これらの研究成果から、ショウガにはトウガラシのカプサイシンと同様、体熱産生の亢進作用、すなわち体が暖かくなる効果が十分に期待できるのである。

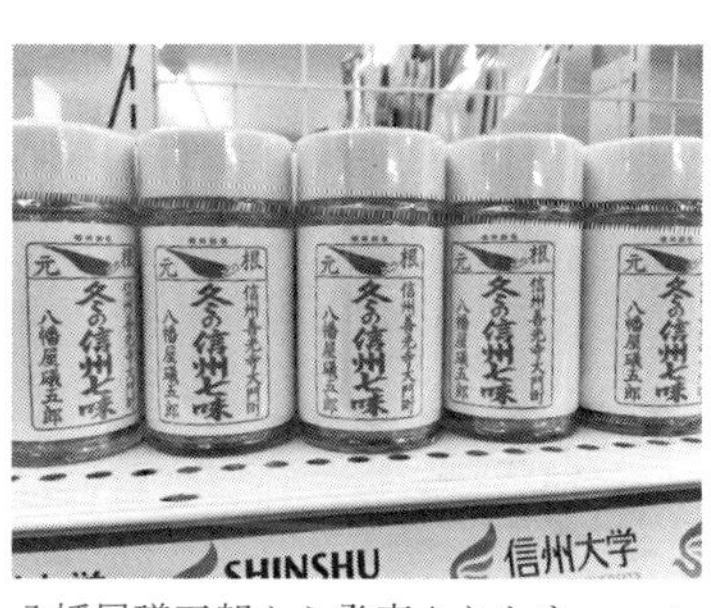

八幡屋礒五郎から発売されたウォームビズ用七味唐辛子「冬の信州七味」

我々オリジナルのウォームビズ用七味唐辛子は、信州善光寺の七味唐辛子の特徴をさらに強化して、ショウガたっぷりの七味唐辛子に仕上げ、ショウガとトウガラシのダブルの力で体を温められるように調合した。ただし、ショウガもトウガラシも、多ければ多いほどよいというものではない。やはり、七味唐辛子として美味しくなければいけないので、八幡屋礒五郎で何度も試作してもらい、学生たちと私とで試食を繰り返し、最終的な調合のレシピを決定した。なお、このオリジナル七味唐辛子は、三冬目のウォームビズ企画実施の際に、「冬の信州七味」として八幡屋礒五郎から冬季限定で販売されるに至っている（残念ながら、すでに発売終了）。

体を冷ます発汗作用

しかし、このようなトウガラシ・ウォームビズを実施するに当たり、注意しなければならないことがある。すでに説明したようにトウガラシのカプサイシンには体熱亢進効果、すなわち体を温める効果がある一方、実は同時に体を冷ます働きもあるのだ。

通常、人間の体は、寒いところにいると、体熱を上げるように働き、同時に体の表面では発汗を抑え、体熱を外に逃さないようにする。逆に、暑いところにいると、体熱産生を抑え、皮膚では汗をかき、その気化熱を利用して体熱を体外に放散しようとする。

では、トウガラシを食べた場合、人間の体はどうなるのだろうか。

まず、トウガラシの効果により、人間の体は、体熱が上がる。だが、それと同時に、体表では汗をかく。激辛カレーを食べた時、汗だくになるのもカプサイシンの効果のひとつなのである。

寒い時に辛いものを食べて体を温めたい場合には、汗には要注意。せっかく温かくなったのに、逆に体を冷ましてしまいかねないのだから……。

3　トウガラシとビタミンC

レモンを超える含有量

この他、トウガラシのカプサイシンには、塩分の少ない食事に添加すると薄味であっても満足感が得られることから減塩効果があるとされることや、意外なところでは、傷口に塗布すると鎮痛効果があること、さらには、適量を使用すれば胃粘膜保護効果があることも知られている。

また、トウガラシのもうひとつの特徴である、あの真っ赤な色の正体、カプサンチンやカプソルビンなどの色素成分（総称してカロテノイド）にも抗酸化性（細胞が酸化してしまうことを防ぐ力）が確認されている。

しかし、トウガラシが持つ最も忘れてはならない成分は、ビタミンCであろう。

人間は、ビタミンCを体内で合成することができないので、食物から摂取しないといけない。かつて、大航海時代の船乗りが長期の航海において壊血病に悩まされたのは、新鮮な食物が食べられなかったことによるビタミンC不足が原因である。

ビタミンCを多く含む農産物といえば、レモンを思い浮かべる人が多いが、文部科学省の「日本食品標準成分表二〇一五年版（七訂）」によると、レモンのビタミンC含有量が一〇〇グラム当たり一〇〇ミリグラムであるのに対して、トマピー（扁平な果形をしたハンガリアンパプリカ系の一品種）で二〇〇ミリグラム、赤ピーマンが一七〇ミリグラム、黄ピーマンが一五〇ミリグラム、とうがらしは一二〇ミリグラムと、色づいたトウガラシの仲間は、いずれもレモンを超える含有量となっている。

一方、緑のままのトウガラシ類だと、青ピーマンで七六ミリグラム、ししとうで五七ミリグラムとなり、レモンより少なくなってしまう。しかし、同じ果菜類であるトマト（一五ミリグラム）、キュウリ（一四ミリグラム）、ナス（四ミリグラム）と比較すると、より多くビタミンCが含まれていることがわかる。

トウガラシでノーベル賞

ビタミンCの科学的な発見は、ハンガリーの生理学者、セント＝ジェルジ・アルベルトによってなされている。

彼は、この発見の他に細胞呼吸の仕組みも明らかにしており、それらの功績により一九三七年に「生物学的燃焼、特にビタミンCとフマル酸の触媒作用に関する発見」という理由でノーベル生理学・医学賞を受賞した。当時、イギリスの「タイムス」紙は、彼のこの功績を「パプリカ賞」と呼んだそうだ。ハンガリーがパプリカの産地であることも理由であろうが、それ以上に、大発見の裏にパプリカが重要な役割を演じていることが大きい。

当時、ビタミンCの発見をめぐって、熾烈な競争が繰り広げられていたが、セント＝ジェルジは、牛の副腎から抽出した物質をヘキスウロン酸と名付け、これがビタミンCであることを証明しようとしていた。

しかし、その証明のための実験には、抽出された大量のビタミンCが必要だったが、含量が多いと目されていたオレンジやレモンなどは果実中に糖分が多いことから、当時は純粋なビタミンCの抽出が難しく、その確保に彼のライバルたちは苦労していた。一方、セント＝ジェルジは緑のパプリカに目をつけ、そこから大量のビタミンCを抽出することに成功した。ピーマン類のビタミンC含量が高いことはすでに述べたが、パプリカもビタミンCの含量が高く、緑のうちなら糖類含量が高くないため、安定的に大量に抽出できたようだ。これにより、彼はライバルにわずかに先んじて、ビタミンCを特定することができたのである。

パプリカは、辛くない大型の果実をつけるトウガラシの品種群であり、果菜として食べる他に、乾燥させて粉にしたものを料理に使う。ハンガリー料理の代表というべき「グヤーシュ」や「ペルケルト」は、肉をタマネギ、トマトなどとシチューのように煮込んだ料理だが、パプリカの粉がふんだんに使われており、この料理には欠かせないものとなっている。

私は、ハンガリー人であるセント゠ジェルジ・アルベルトはグヤーシュが好きで、グヤーシュを食べながらパプリカからビタミンCを抽出することを思いついたのだろうと、勝手に思い込んでいたのだが、彼の伝記『朝からキャビアを　科学者セント゠ジェルジの冒険』（岩波書店）には、彼はパプリカが嫌いで、どうせ食べないのなら、と生のパプリカからビタミンCを抽出することを思いついたのだと記されている。

波瀾万丈のパプリカ博士

ちなみに、同書によると、ノーベル賞受賞後、セント゠ジェルジ・アルベルトは波瀾万丈の人生を歩むことになる。

時は、第二次世界大戦まっただ中。ハンガリーはナチス・ドイツと友好関係にあったが、ハンガリー首相カーライ・ミクロシュはナチスに見切りをつけ、英国に接触を試みようとした。この時、トルこのイスタンブールにいる英国諜報員に親書を渡さねばならなくなったが、この密命を託されたのが、国外へ出向くことが何らおかしくない学者であったセント＝ジェルジ・アルベルトであった。

危険な任務ながら無事に遂行しハンガリーに帰還したセント＝ジェルジであったが、極秘裏にイギリス側に渡ったと思えた親書の存在を、ナチス・ドイツにも知られるところとなってしまった。ヒットラーは、ハンガリー摂政ホルティ・ミクロシュを呼び出し、例の親書の内容を示して、セント＝ジェルジのことを大声で罵倒したといわれている。のちにセント＝ジェルジは「私の政治活動のピークは、ヒットラーが私の名を大声で怒鳴った時である」と回顧している。

その後、彼は逃亡生活を余儀なくされ、一時はノーベル賞受賞の縁でスウェーデン公使館にかくまわれたりしていたが、それもナチスにばれてしまい、すんでのところで脱出に成功している。最終的には、ソビエト軍がブダペストのドイツ軍を駆逐した際に保護され、つらい逃避行は終了した。しかし、その後も、ソビエト科学アカデミーから招待され、三食キャビアが出るような歓待を受けたり（これが先に示した彼の伝記のタイトルの由来となっている）、ハンガリー初代大統領に推されたり、彼のスポンサーでもあった友人がソビエトに逮捕されたことで米国へ亡命したり、亡命先の米国では共産主義者とみなされてしまったりと、彼の波瀾万丈は続くのである。

しかし、驚くべきは、そんな人生の中でも、彼が常に研究を続けていたことだ。ナチス・ドイツから逃避行をしているあいだでも、筋肉収縮の仕組みを解明しようと実験を繰り返していたのだ。そして、一九五四年には、その筋肉の研究によりアメリカ医学界最高の賞であるラスカー賞を受賞している。

日頃、我々、大学の教員や研究機関の研究員は、自分の研究環境に不平不満を言いがちである。やれ研究費や実験設備が乏しいとか、やれ雑用が多いとか……。セント＝ジェルジ・アルベルトの伝記を読みながら、彼の研究への情熱を見習わなければなあと大いに反省した。研究費が乏しくても、雑用が多くても、ゲシュタポに追われないだけ、セント＝ジェルジよりはましなのだから。

これまでの第一部では、トウガラシがどこで生まれ、トウガラシのトウガラシたるあの辛味を進化上、どうやって獲得したのか。また、辛くなったトウガラシがどのように人間とつき合うようになってきたのか。さらには、どのように世界に羽ばたき、遠く日本にまでやってきたのかといったことを説明した。

では、現在、世界各地ではどのようなトウガラシが栽培され、どのように食べられているのだろうか。

第二部では、それを確かめるために、世界を一周するトウガラシの旅に出ることにしよう。

第二部 世界一周 トウガラシ紀行

第六章　トウガラシの故郷――中南米

1　南米の代表的トウガラシ

トウガラシの足跡を追いながら

さあ、世界一周トウガラシの旅に出かけよう。だが、そうはいっても、当てもなくブラブラと歩き回るだけではいけない。「世界征服」にもたとえられるような地球的な広がりをみせるトウガラシだけに、それにまつわるすべての食文化を網羅することは難しい。そこで、地域単位で品種や食文化のポイントをまとめつつ、課題や謎を提示することで、トウガラシと人類が織りなす物語を比較文化的に概観することにしたい。

この旅の行程は、トウガラシの起源地である南米を出発点に、コロンブスが持ち込んだヨーロッパへ進み、そこからアフリカに寄り道しながらアジアへ、そして最終目的地の日本をめざして地球を東回りに進む。これは基本的にトウガラシが広がっていったルートとほぼ同じであり、ある程度、トウガラシ伝播の時間軸と呼応することになるだろう。

さて、まずは南米から出発しよう。

アンデスのロコト

中南米の狭い地域に分布しているトウガラシのひとつにロコト（口絵iii頁）がある。すでに記したように、主な栽培地は高標高のペルーやボリビアといったアンデス地域である。

プベッセンス種に属すこのトウガラシは、花が紫色で、種子も黒く、茎や葉に毛が多いことなど、日本で見慣れたアニューム種とはちょっと異なる姿をしている。果実はリンゴ形や紡錘形に近い形で、未熟果は緑色だが、成熟すると赤くなるものと黄色くなるものと二つのタイプがある。辛味は結構強いものの、果肉が厚くてフルーティーな香りと味がとてもよく、同地域では非常に好まれている唐辛子だ。

ペルーの農民が畑で昼食をとる時は、蒸かしたジャガイモをロコトのスライスと一緒に食べるのだという。[1] あるいは、岩塩と一緒にロコトを石臼で潰したものをソースにして、ジャガイモにつけて食べることもあるらしい。

ロコトを使ったペルー料理として有名なのが「ロコト・レジェーノ」（口絵iv頁）だろう。日本語でいうと肉詰めピーマンならぬ、肉詰めロコトといったところだろうか。種子や胎座、隔壁など、果実の中身を取り出して下ゆでしたロコトに、下味を付けた肉やタマネギ、ナッツ類などを炒めて詰め込み、卵やチーズを加えてオーブンで焼いた料理だ。

我々の研究室では、学生たちが調査を終えたロコトを調理して食べるのが毎年秋の恒例となっているが、その際のメニューが、このロコト・レジェーノである。ペルーの家庭で出てくるような本格的なものではなく、日本の肉詰めピーマンよろしく、タマネギのみじん切りと挽肉をロコトに詰めてフライパンでじっくりと焼くだけなのだが、これがなかなか美味である。もちろん、時々、ビックリするほど辛い果実に当たることがあって、もだえ苦しむ学生もいないわけではない。

花に斑点のあるアヒ・アマリージョ

中南米以外ではあまり見られない栽培種には、ロコトの他にバッカートゥム種もある。この種に属するトウガラシには激辛品種は存在しない。逆に辛味が非常に弱い品種がいくつかあるようだ。[2]

このバッカートゥム種に属している有名な品種にアヒ・アマリージョ（口絵iii頁）がある。「アヒ」は「唐辛子」、「アマリージョ」は「黄色」という意味のスペイン語で、美しい黄色い果実をつける品種である。辛さは比較的マイルドで、これもまたフルーティーな美味しい唐辛子である。

アヒ・アマリージョの他にも、バッカートゥム種に属する品種には、オレンジ、朱色、赤などの成熟果実や、クリーム色や黄緑の未熟果実をつけるものが多く、彩りがよい。

また、形がユニークなものも多く、「ビショップ・クラウン」（司教の冠、口絵iii頁）といった名前がついた品種もある。果実の側面に、帽子のつば状のものがあるのがその名の由来だ。この飛び出た部分には、辛味ではなく甘味があって、美味しいので食用にもなるが、その特徴のある果形から観賞用としても使われている。

このバッカートゥム種を使った料理に「セビチェ」がある。これは南米でよく食べられる生魚のマリネだが、ペルーではそのマリネ液を作るのにアヒ・アマリージョがよく使われる。タマネギとアヒ・アマリージョのみじん切り、コリアンダーの葉、オレガノ、パセリなどのハーブ類をレモン汁と塩にあわせ、食べやすい大きさに切った生魚にかけるのである。

アヒ・アマリージョを使ったペルー料理で有名なものに「アヒ・デ・ガジーナ」もある。雌鶏の唐辛子煮とでもいうべきこの料理は、一見、クリームシチューに似ているが、アヒ・アマリージョをペーストにして入れてあるので、美しい黄色い仕上がりで、辛味もある。さらにクミンが入ることや、ペルーではご飯と一緒に食べることから、日本のカレーにも少し似た雰囲気がある料理といえよう。

ユカタン半島のハバネロ

中米にも様々なトウガラシがある。例えばメキシコでは、有名な「ハラペーニョ」（口絵ii頁）をはじめ、「セラーノ」、「ポブラノ」、「アルボル」、「カスカベル」といったトウガラシが、それぞれの品種にあった料理法で食べられているが、中でも異彩を放っているのが「ハバネロ」だろう。

ハバネロ（口絵ii頁）はキネンセ種に属し、もともとはメキシコのユカタン半島を中心に栽培されていた品種だ。「鷹の爪」のような細長い果実ではなく、少し果実幅のあるランタン（手提げのランプ）形と称される形状をしている。その透明感のあるオレンジ色の果実は非常に美しいが、その美しさとは裏腹に強烈な辛味を持つ。かつては世界で最も辛いといわれていた時期もあるくらいだ。

一般的なオレンジ色の果実のハバネロを高速液体クロマトグラフィー（HPLC）で分析したところ、カプサイシノイド含有量は乾燥果実一グラム当たり三万三〇〇〇マイクログラムであった。同時期に同じ圃場で栽培した日本の代表的な辛味品種・三鷹は約二〇〇〇マイクログラムであったが、ハバネロの辛味成分含量はその約一六倍となり、かなり辛い品種であることがわかる。[3]

カリブ海地域やユカタン半島の人々は、生のハバネロの果実を刻み、様々な料理に添えて食べている。[4]また、日本のメキシコ料理界の第一人者である渡辺庸生シェフの著書[5]では、タマネギとハバネロのみじん切りを和えたソース「サルサ・デ・チレ・アバネロ」が紹介されていて、タコスや鶏肉のソテーなどに添えて食べるとしている。

「辛い」より「臭い」ハバネロ

このような料理に使われているハバネロを不用意に囓ってしまうと、口に入れたとたんに「辛い」を通り越して「痛い」と感じることになるだろう。なにしろ、前述のとおり日本の一味唐辛子の一六倍の辛さである。

日本では、その辛さばかりが話題になっているハバネロだが、実は恐ろしく辛いという特徴の他に、独特の香りを持つことでも知られている。柑橘に似た香りという人もいれば、花の香りという人もいるし、中には埃臭い匂いと表現する人もいる。とにかく他にたとえることが難しい独特な香りがする。

以前、人づてに聞いた話では、メキシコのユカタン半島あたりに住むマヤ族の人たちはハバネロをよく食べるが、その一方で一切食べないというメキシコ人もいるらしい。その理由は「辛すぎるから」ではなく、「独特の匂いが嫌だから」なのだとか。

日本でも、よく「ハバネロ入り」と称した激辛食品が売られているが、実際に食べてみて、しっかりハバネロの匂いのするものは、それなりに強い辛味がある。匂いの感じられないような商品は、あのハバネロの強烈なパンチ力も足りないことがほとんどだ。

2　トウガラシ世界激辛選手権

世界一辛かったハバネロ

さて、先ほど、ハバネロについて、「かつては世界で最も辛いといわれていた」トウガラシ品種と書いたが、これを認定したのは、ご存じ『ギネスブック』である。この世界一の記録集に「最も辛いスパイス」としてハバネロが掲載されていたのは一九九四年から二〇〇六年までのあいだである。しかし、実際に認定されていたのはハバネロに選抜改良が加えられた「レッド・サヴィナ」（口絵ⅱ頁）と呼ばれる品種で、本来のオレンジ色のハバネロではない。

レッド・サヴィナは、その名のとおり、果実が赤い色をしており、サイズも通常のハバネロより大きめである。また、この品種は、突然変異育種で作られたもので、コンパクトな草型（茎や枝などで形成される草本性植物の地上部の概形）であること、一節に数個の赤い果実がつくこと、温暖で湿潤な気候での栽培に適しているといった特徴がある。[6] その辛味は最大で五七万七〇〇〇スコビルとされており、これをカプサイシノイド含量に換算すると乾燥果実一グラム当たりおおむね三万六〇〇〇マイクログラム（以下、カプサイシノイド含量は乾物一グラム当たりの値を示す）となる。一味唐辛子に使われる三鷹が約二〇〇〇〇マイクログラムであるから、その約一八倍の辛さである。

日本産激辛トウガラシと恐怖のブート・ジョロキア

しかし、このギネス記録は二〇〇六年一二月に「SBカプマックス」に、翌二〇〇七年二月には「ブート・ジョロキア」という品種に塗り替えられ、ハバネロは王座から陥落してしまう。さらに、二〇一一年には「トリニダード・スコーピオン・ブッチ・T」が首位に躍り出たものの、わずか二年後の二〇一三年には「カロライナ・リーパー」という品種がトップを奪取するなど、依然、激しい首位争いが繰り広げられている。

ハバネロに次いで王者となったSBカプマックスは、日本の代表的な香辛料メーカー、ヱスビー食品が開発した品種である。その辛さは六五万六〇〇〇スコビルとされ、カプサイシノイド含量に換算するとおおむね四万一〇〇〇マイクログラムとなるから三鷹のおよそ二〇倍である。残念ながら、このギネス記録は三ヵ月でブート・ジョロキアに破られてしまうが、日本発の品種が一時でも首位に君臨していたことは、日本のトウガラシ関係者としては、誇りに感じる歴史である。

SBカプマックスを破ったブート・ジョロキア（口絵ii頁）は、インドの北東部、ナガランド州とそれに隣接するミャンマー北西部ザガイン地方域が原産のトウガラシである。その周辺のインド、アッサム州、マニプル州、さらにはバングラデシュでも栽培されている。筆者はミャンマーの第一の都市ヤンゴンの市場でも同じような品種を見たことがあるので、インドと同様、ミャンマーでも栽培地域は広がっているようだ。辛味は一〇〇万一〇三四スコビル――カプサイシノイド含量に換算すると六万二六〇〇マイクログラムなので三鷹の約三一倍となる。

実は筆者はブート・ジョロキアを栽培試験に供試しているが、我々の辛味成分含量の分析結果でも平均で四万一二〇マイクログラム、場合によっては五万五〇〇〇マイクログラムを超える場合もあり、その辛味の強さを重々、理解している。いや、身をもって知っているといったほうがいいかもしれない。というのも、ブート・ジョロキアの果実を用いて実験をしていると、マスクをしていてもくしゃみが止まらなかったり、顔がヒリヒリと痛くなってきたりと、ひどい目に遭うからだ。これほどの凄まじい辛さなので、学生に実験のお手伝いを頼んでも、なかなか引き受け手がいないというのが、目下、悩みのタネである。

トリニダードの凄い奴とカロライナの死神

ブート・ジョロキアを抑えて首位に立ったのがトリニダード・スコーピオン・ブッチ・T（口絵ⅱ頁）である。その名が示すように、西インド諸島の南端、南米ベネズエラの北にあるトリニダード・トバゴ共和国原産の品種を、米国ミシシッピ州クロスビーにあるザイデーコ農場のブッチ・テイラー氏がさらに辛く育成したものである。「スコーピオン」とあるのは、丸みを帯びた果実から尖った先端が突き出ており、これが蠍（さそり）の針のように見えるからだ。

この品種の辛味は一四六万三七〇〇スコビル――かつてのギネス王者ハバネロ・レッド・サヴィナの二・五倍以上であり、その壮絶な刺激を想像しただけでも恐ろしい。

しかし、その恐怖をさらに上回る品種が現れる。その名は「カロライナの死神」――カロライナ・

リーパー（口絵ii頁）である。

二〇一三年八月にギネス登録されたこの品種は、米国サウスカロライナ州のパッカー・バット・ペッパー・カンパニーのエド・キャリーによって育成されたもので、その辛味たるや一五六万九三〇〇スコビル、場合によっては二二〇万スコビル（一三万五七〇〇マイクログラム）を超えることもあるという強者だ。

ギネス場外乱闘を仕掛けるトリニダード・モルガ・スコーピオン

一方、これらのトップ争いに、『ギネスブック』以外のリングで参戦している品種もある。

二〇一二年二月、世界的に有名な米国ニューメキシコ州立大学トウガラシ研究所のポール・ボスランド名誉教授らは、「トリニダード・モルガ・スコーピオン」という品種を、『ギネスブック』とは別に世界一に認定している。平均で一二〇万スコビル、個体によっては二〇〇万スコビルを超すものもあるというから、たしかにトップレベルの辛さだ。この品種は、やはりトリニダード・トバゴ共和国のもので、同国の南部、モルガ地方が原産のトウガラシなのだそうだ。

いずれにせよ、ここまでくると、普通の人なら食べられない辛さであり、もはや、人間の口ではどれがより辛いか序列をつけることは不可能だろう。しかし、これらの品種は、特別な最先端技術によって開発されたわけでも、マッドサイエンティストにより作られたわけでもない。メキシコやインド、トリニダード・トバゴで実際に栽培され、人々に食べられていた在来品種の中から選抜された品種なのである。

ジャマイカ風バーベキューにぴったりのトウガラシ、スコッチボンネット

ハバネロをはじめとするこれらの歴代激辛品種は、すべてキネンセ種に属するトウガラシである。どうしてキネンセ種だけにこのような「超」がつくほどの激辛品種が存在するのかは、未だわかっていない。だが、キネンセ種には激辛品種しか存在しないわけではなく、辛味の弱いものから激辛のものまで、様々な辛味強度の品種・系統があり[7]、さらにはまったく辛味を持たない品種もある。

中南米各地では、こういった実に多様なキネンセ種の品種が栽培され、食べられている。

例えばカリブ海周辺、特にジャマイカでは、「スコッチボンネット」という品種が有名である。果実の形がハバネロと似ているものの、果実表面に深いしわ（というか溝）があり、果実先端が尖っていないのが特徴である。辛味はハバネロより弱いが、それでも日本のいずれのトウガラシよりも十分に辛く、フルーティーでかつスモーキーであるともいわれる[8]。それゆえに人気がある品種だ。

このスコッチボンネットは、カリブ海地域の様々なトウガラシソースに利用されている。そのひとつが『トウガラシの文化誌』[9]で紹介されているが、これはスコッチボンネットを煮たものを裏ごし、二〇種類の薬草・スパイスを混ぜてさらに煮込んだもので、美味であるだけではなく滋養強壮にもよいとある。薬草の効果もたしかにあるのかもしれないが、やはりスコッチボンネットの辛さが元気の素のような気がする。

しかし、スコッチボンネットといえば、なんといっても鶏のジャマイカ風バーベキュー「ジャークチキン」に使うことで有名だ。「ジャーク」というのは南米の先住民の言葉、ケチャ語の「charqui」

が語源で、燻（いぶ）した、もしくは干した肉のことを指し、ビーフジャーキーの「ジャーキー」もこの言葉に由来している。[10] 本場ジャマイカでは、スコッチボンネット、ショウガ、タマリンド、ナツメグ、タイム、シャロット、オールスパイス（スパイスのひとつ）とライムジュースで作ったジャークシーズニングに、鶏肉を四時間から一晩のあいだ、つけ込んだのち、オールスパイスの生木と薪の両方を使って燻すようにして焼く。我が家のバーベキューでもジャークチキンが定番となっていて、家族や学生たちにも好評だ。

ジャークチキン用
ジャークシーズニング

3　チョコレート&トウガラシ

チョコレート好きのアステカ王

さて、トウガラシと同じ中南米起源でヨーロッパに渡った農作物に、トウモロコシ、ジャガイモ、サツマイモ、インゲン豆、落花生、トマトやカボチャなどがあることは前にも記したが、タバコやカカオなどもまた中南米起源である。唐辛子とチョコレートは同郷なのだ。そして、かつて中南米では、この二つはともに食するものであった。

カカオは、メキシコ湾岸で栄えた古代オルメカ文明（紀元前一二〇〇年～前四〇〇年頃）でも利用されていたとされる。[11] さらに一六世紀初頭のアステカに君臨した君主モンテスマ（モクテスマ）二世は無類のチョコレート好きで、[12] 彼の開いた宴には金のゴブレットに注がれたチョコレートドリンクが出されたと記録されている。[13]

この頃の「チョコレートドリンク」とは蜂蜜と唐辛子が入った飲み物で、[14] マヤ族は唐辛子とバニラの入った熱いものを、アステカ族は冷たいものを飲んでいたらしい。[15]

また、一六四八年にイギリス人修道士トーマス・ゲイジにより出版された『西インド諸島の新通覧』によると、当時の原住民のチョコレート飲料の調理法として「黒コショウをいれる場合もあるが、普通はコショウの代わりに原住民がチレと呼ぶ口がやけそうになるほどに辛いこの地産のコショウをいれる」ともある。[16]

このように、かつて中南米で飲まれていたチョコレートは、唐辛子の入ったピリッと辛いものだったが、一八世紀末のフランスのチョコレートには、まだその味付けの名残があり、砂糖だけでなく唐辛子の入っているものもあったそうだ。[17] 現在のメキシコでも、ポソル、テハテ、チャンポラードといった様々なカカオ入りの飲料が飲まれているが、中には唐辛子入りのものもあるという。[18]

チョコレートと唐辛子の甘い関係

チョコレートが大好きなアステカの王モクテスマ二世は、スペイン人コルテスによって殺害されたが（アステカ人の反乱で殺されたとも）、彼の愛したチョコレートは、奇しくも彼を殺（あや）めたスペイン人によってヨーロッパ、そして世界へと広がり、数百年経った今では誰もが知る食べ物となった。しかし、唐辛子とチョコレートは大西洋を越えて以来、一緒に使われることは徐々になくなり、ついには離ればなれになってしまった。

だが、それから数百年が経過した現在、デザートにスパイスを積極的に加える試みがパティシエの世界で見られるようになった。生姜（ジンジャー）はもちろんのこと、黒胡椒や八角（スターアニス）を使った一見ミスマッチのように感じられるスイーツが、実は凄く美味しかったりして驚かされることがある。

そして唐辛子もまた、このスイーツの世界に足を踏み入れている。そのマッチングのお相手は、他ならぬチョコレートである。

スイスの有名なチョコレートメーカー、リンツ社は、唐辛子入りの板チョコを発売しているし、フ

①

②

唐辛子入り板チョコレート
①リンツ社「エクセレンスチリペッパー」（左）とクラウス社「ポメロ・ペッパーダーク」
②八幡屋礒五郎「SPICE CHOCOLATE 唐辛子」

ランスのクラウス社のチョコレートにはフランスの原産地呼称制度ＡＯＣ認定（原産地呼称制度については、一〇九頁参照）を受けた唯一の唐辛子である、バスク地方の品種「エスプレット」が入ったものもある。日本でも、信州の老舗・八幡屋礒五郎が七味唐辛子が入ったチョコレートを製造販売している。いずれも、その香りと、甘みのあとからピリリと唐辛子の辛味と風味が追いかけてくるのは不思議な快感である。

かくして、長いあいだ、離ればなれになっていた同郷の二人、チョコレートと唐辛子は再会を果たした。チョコレートは甘いお菓子、唐辛子は料理の調味料という固定観念を覆せない人は、唐辛子入りのチョコレートというと妙な顔をするが、なにせ、四〇〇〇年ほど前には一緒に食べられていたのだから、相性が悪いわけがないのだ。

チョコレート料理「モレ」

メキシコの食文化は、チョコレートを飲み物だけにとどめておかなかった。南部のプエブラ州やオアハカ州の郷土料理「モレ・ポブラノ」は、七面鳥や鶏の肉などを、水で戻した乾燥唐辛子のペースト、シナモン、キャラウェーシード、レーズン、アーモンド、ニンニク、トマト、そしてチョコレートで作ったソースで煮込んだ料理である。「モレ」（もしくは「モーレ」）とは、メキシコの先住民ナワ族の言葉で「サルサ」（ソース）のことを意味するそうだ。[19]

この料理の起源は、プエブラ市のサンタ・ロサ修道院の尼僧が訪れた司教のために、カカオと唐辛子を含む様々な食材を合わせて作ったものと伝えられる。[20]また、ある修道院の調理担当が、そこを訪れた総督のために料理を作る時、別々に置いてあった食材が突風でひとつの鍋に入ってしまってできたという説もある。メキシコのスペイン植民地時代に生まれた料理であるが、現在ではメキシコを代表する料理のひとつとなっている。

モレは、チョコレートや唐辛子など、様々な香辛料や食材の香り、甘味と辛味、鶏肉の旨味が渾然一体となって、実に不思議な味がする。一口目は戸惑うが、二口、三口と進むに連れてどんどんやみつきになってしまう重厚で複雑な味だ。だが、言われなければ、その材料にチョコレートが入っているとはわからないかもしれない。

4　豊かな唐辛子食文化

トウガラシで出汁をとる

この料理、モレ・ポブラノの「ポブラノ」とは、メキシコのトウガラシの名前である。円錐形をした肉厚の大きな果実がなる品種で、数あるメキシコのトウガラシの中では辛味は弱いほうだ。メキシコでは、このポブラノの果実の中に詰め物をした料理「チリ・レジェーノ」が人気である。

ところで、モレ・ポブラノにおいて、ポブラノは、どのように使われているのだろうか。

前述のように、モレ・ポブラノには乾燥した唐辛子を水で戻してペーストにしたものが使われるが、渡辺庸生シェフの著書によると、その乾燥唐辛子とは「アンチョ」、「ムラート」、「パシージャ」

の三種類である。[21] これに「チポトレ」を加える場合もあるようだが、「ポブラノ」の名は出てこない。というのも、実はこの四種類のうち、アンチョとムラートはポブラノを干して作られているのだ。アンチョはタバコ、レーズン、プルーンのような味・香りがし、[22] そのまま食べると乾燥唐辛子というよりはドライフルーツのような味と風味が感じられる。一方、ムラートは、ポブラノを干してから燻したもので、アンチョより硬くて、黒っぽく、燻製の香りもする。辛味はアンチョのほうが強いとされるが、実際に囓ってみたところ、どちらも辛味はそんなに強くなく、大差はない。

残りの二種類の乾燥唐辛子についても説明しておこう。

パシージャは、「チラカ」という品種を干したものである。果実は一五センチ以上と長く、深緑色をしているが、乾燥すると暗褐色になる。渡辺シェフの著書によると「日本の昆布のような香りと味を持つ」という。[23]

チポトレはハラペーニョを干して燻煙したもので、渡辺シェフは「濃厚な旨味とスモーキーな香り」[24] が特徴であると記しており、旨味があって、燻した香りとなると、これはもう日本の鰹節のような味わいだと述べている。[25] たしかに、このチポトレを肉料理のソースや煮込み料理に加えると、味がグッとよくなる。原材料のハラペーニョは果肉の厚い品種で、そのピクルスを輪切りにしたものが大手のハンバーガー店やサンドイッチ店でも使われており、食べたことがあ

ハラペーニョを干して
燻煙した香辛料チポトレ

る人も多いと思う。

「昆布のような味」のパシージャだとか、「鰹節のような」チポトレを料理に使っていることからも、メキシコの人たちが、トウガラシに辛さのみを求めていないことがわかる。以前、仕事で渡辺シェフとご一緒した際、「メキシコ料理はトウガラシで出汁(だし)を取る」と教えていただいたことが印象的だったが、まさに、メキシコのトウガラシは、日本料理における昆布や鰹節的な存在であり、なくてはならないものなのである。

ボトルネック効果と食文化

中南米はトウガラシの起源地とされている地域であるが、「起源地ではその作物の遺伝的多様性が大きい」というヴァヴィロフの説を裏付けるかのように、様々な野生種が存在する。それだけではない。五つの栽培種にしても、それぞれ多種多様な品種が存在している。一口に「中南米」といっても、アマゾンの熱帯雨林もあればアンデスの高標高地域もある。こうした様々な地理的・気候的な環境が、トウガラシの多様性を生み出すのに一役買っていることは想像にかたくない。

注目すべきなのは遺伝的な多様性だけではない。多様なトウガラシは、中南米の食文化を非常に豊かなものにしている。様々な民族が、自分たちが生きる地域でとれたトウガラシを、それぞれの味で食べてきたことは、遺伝的多様性がさらに文化の多様性を生んでいるものと考えられ非常に興味深い。

遺伝学の用語で「ボトルネック効果」(瓶首効果)という用語がある。生物集団の個体数が何らかの理由で激減したのち、その子孫が再び繁殖すると、遺伝的多様性の小さい集団ができることをいう。中南米には、五種の栽培種がすべて存在するが、他の大陸、地域ではおおむね三種しか伝播・定着しておらず、しかも、そのほとんどをアニューム種が占めているということは、中南米から欧州を経て各地に拡散する時、一種のボトルネック効果が起きたと見做せよう。

では、中南米の多様性豊かな唐辛子の食文化については、どうだろうか。

残念なことに食文化については、ボトルネックが起こるどころか、ほとんど欧州には伝わっていなかったようだ。唐辛子とチョコレートが別々に欧州に伝わり、一緒に食べられることがなかったのは、その顕れのひとつだといえよう。

さて、ボトルネック効果により遺伝的多様性が小さくなって全世界に広がったトウガラシであるが、その後、各地域の食文化と融合し、それぞれの味で食べられている。

中南米のトウガラシ食文化はヨーロッパには伝わらなかったが、トウガラシが各地に定着していく中で、様々な品種が生まれ、食文化の多様性を生み出している。次章以降、その様子をつぶさに見ていくことにしよう。

第七章　原産地呼称制度と郷土料理――ヨーロッパ

1　スペインからバスク地方へ

スペインの「ししとう」

トウガラシは一五世紀末、ヨーロッパにもたらされた。まずは、コロンブスがアメリカ大陸から最初にトウガラシを持ち帰ったであろうスペインから見てみよう。

最近、日本でも人気のスペイン料理だが、スペイン・バルに行くと、タパス（小皿料理）のひとつとして好まれているトウガラシ料理がある。「ピミエント・デ・パドロン」という青唐辛子をオリーブオイルで炒めて（素揚げにして、と言ったほうがよいか）、塩をふっただけのシンプルなものだ。ただ、日本ではピミエント・デ・パドロンは手に入らないのでししとうで代用することが多いようだ。

実際、ピミエント・デ・パドロンは見た目のみならず、辛味がほとんどないところもししとうと似ている。それだけではない。この青唐辛子は通常は辛くないが、たまに辛い果実が現れることも知られており[1]、そんなところまでししとうにそっくりなのだ。ししとうを串焼きにして塩をふっただけの食べ方が焼鳥屋では定番であるが、こういうシンプルな調理法で、その美味しさの真価が発揮できるという点でも、両者は似ている。

このピミエント・デ・パドロンはスペイン北西部ガリシア州ア・コルーニャ県の南西部に位置するパドロンが産地であるが、パドロンにある五つの地区のひとつ、エルボン地区が特に知られており、「ピミエント・デ・エルボン」という名で紹介される場合もある。その起源は一七世紀にフランチエスコ会修道士がエルボン修道院に種子を持ち込んだのが最初とされており、長い歴史が感じられる。[2]

スペイン公認の在来品種

ピミエント・デ・パドロンは、スペインの原産地呼称制度によって保護されている品種である。

原産地呼称制度とは、それぞれの地域に根ざした伝統的な農産物や食品などの品質を規定し、それを満たしたもののみに原産地の呼称を許可するというもので、原産地の名称を誤用や盗用から保護し、消費者に正しい情報を提供することを目的としている。また、この制度は、その地域の食文

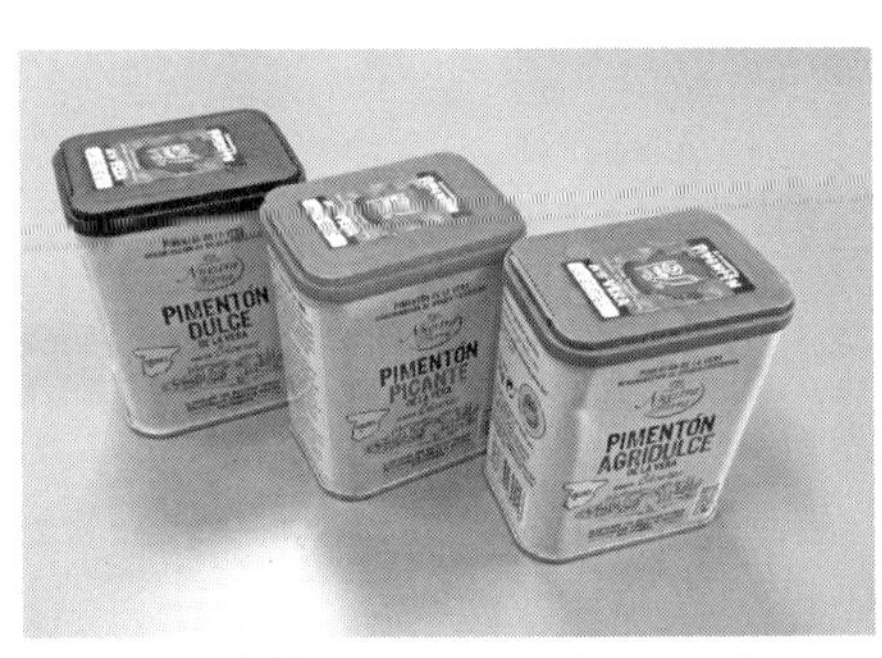

パプリカ香辛料ピメントン・デ・ラ・ヴェラ
左から甘口（ドルセ）、辛口（ピカンテ）、ほろ苦（アグリドルセ）

化の伝承の維持、農業や食品産業の後押しにもつながるものである。この制度で保護されている農産物や食品、郷土料理は、その国や地域の重要な食文化であると公式に認められているといえよう。

スペインの原産地呼称制度「デノミナシオン・デ・オリヘン」（DO）は、スペイン農業食料環境省が定めている。登録されている農産物や食品としては、ワイン、チーズ、オリーブオイルなどが日本でも有名であるが、野菜類や香辛料類もあり、トウガラシもピミエント・デ・パドロンを含め合計一〇品種が野菜類として登録されている。

スペイン北部ナバラ州の赤いパプリカ「ピミエント・デル・ピキージョ・デ・ロドーサ」も、DOに選定されている品種のひとつである。スペインでは焼いて中をくりぬいたものが缶詰にされて売られているが、この中にツナマヨネーズや生ハム入りのクリームソースを詰めた料理「ピミエント・デル・ピキージョ・レジェーノ」（口絵ⅳ頁）はナバラ料理として有名であり、この赤いパプリカの甘さが料理の味を引き立てている。

ナバラ州の隣にあるバスク州では「ピミエント・デ・ゲルニカ」がDOに選定されている。〝スペインのししとう〟ことパドロンとよく似た緑の果実で、味もパドロンと同様、辛さがない。

また、香辛料としてDOに登録されているトウガラシもある。

中でもスペイン南西部にあるエストレマドゥーラ州カセレス県ラ・ヴェラ地区の「ピメントン・デ・ラ・ヴェラ」と、スペイン南東部ムルシア州の「ピメントン・デ・ムルシア」の二つは、スペイン料理には欠かせないパプリカとして有名だ。特に「ピメントン・デ・ラ・ヴェラ」は燻煙に当てながら乾燥させるので、スモーキーな香りがする独特の味わいになっている。そこにパプリカ自体の香りと甘さが相まって、加えた料理にコクを与えるのだ。辛口（ピカンテ）と甘口（ドルセ）の二種類が売られているが（スペインへ新婚旅行に行った卒業生からお土産にいただいた「ピメントン・デ・ラ・ヴェラ」には三つめの味、ほろ苦（アグリドルセ）もあった。これは、少し酸味と苦みが加わった奥深い味わいであった）、前者の辛口が伝統的な「ピメントン・デ・ラ・ヴェラ」なのだといわれている。[3]

唐辛子の町エスプレット

ピミエント・デル・ピキージョ・デ・ロドーサの産地ナバラ州と、ピミエント・デ・ゲルニカの産地バスク州は、ともにバスク人と呼ばれる民族が住んでいることからバスク地方と呼ばれており、その領域はスペインの国境を越えたフランスにも広がっている。

バスク地方のフランス領土内の地域は仏領バスクと呼ばれているが、その町のひとつ、エスプレットは、トウガラシがとても有名で、家々の軒先に真っ赤な唐辛子が大量に干されている風景や、毎年秋に「唐辛子祭り」（Fête du piment）が開かれていることで、よく知られている。

この町の特産品である真っ赤なトウガラシは、「ピマン・デスプレット」、もしくは単に「エスプレ

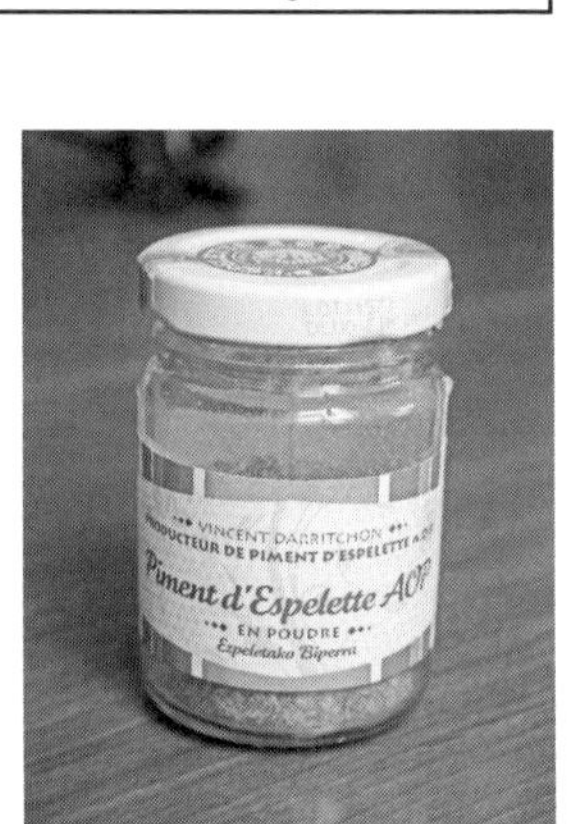

粉末のエスプレット

ット」と呼ばれている。一〇センチ程度の、ふっくらとした円錐形の果実で、甘味が強く非常に美味しい。丸のまま乾燥したものや粉にしたものが売られているが、粉にしたものは甘い香りもする。

エスプレットはバスク料理に欠かせないもので、中でも「アショア」と呼ばれる煮込み料理は有名だ。

「アショア」とはバスクの言葉で「細かく刻んだ」という意味で、タマネギ、ピーマン、ニンニクなどのみじん切りと、牛や羊の挽肉をエスプレットとともに煮込んだ料理である。また、これを子牛肉で作ったものは「アショア・ド・ボー」と呼ばれ、バスクのごちそうとされている。地元の人は、これらの煮込み料理を、茹でたジャガイモやフライドポテトとともに食べるのだが、お米と合わせても美味しい。

「ピペラード」（口絵iv頁）という料理にもエスプレットは欠かせない。トマト、ピーマン、タマネギの粗みじん切りに、ニンニクのみじん切りとエスプレットを加え、炒めてから煮込んだもので、プロヴァンㇲのラタトゥイユやイタリアのカポナータに少し似ている。これに焼いたバイヨンヌの生ハムを添えて食べるのがバスク料理の定番なのだが、オムレツに添える場合もあり、さらにこのピペラード自体に溶き卵を加えて火を入れ、半熟の状態に固めて食べることもある。

この他、鶏肉をソテーしてトマトやパプリカと煮込んだ「プーレ・バスケーズ」というバスク料理でもエスプレットが風味の決め手となっているし、エスプレットで風味付けされた「ジャンボン・ド・バイヨンヌ」と呼ばれる生ハムもある。このジャンボン・ド・バイヨンヌは、フランス領バスクの中心都市バイヨンヌの特産品で、中には全体をエスプレットで覆ってあるものもあるそうだ。

さて、このピマン・デスプレット＝エスプレットだが、フランスの原産地呼称制度「アペラシオン・ドリジーヌ・コントロレ」（ＡＯＣ）で保護されており、バスク地方の一〇地区で作られたものだけが「エスプレット」を名乗ることを認められている。

2　イタリア

マンマの作ったペペロンチーノ

コロンブスはスペイン王の要請で航海に出て中南米に達したが、そもそも彼はイタリア人とされている。彼の故郷では、現在、どのように唐辛子が使われているのだろうか。

リュック・ベッソン監督の一九八八年の映画『グラン・ブルー』で、主人公のライバル、ジャン・レノ演じるエンゾのマンマが作っていたスパゲッティは「ペペロンチーノ」であった。正しくはアー

リオ・オーリオ・エ・ペペロンチーノと呼ばれているが、イタリア語で「アーリオ」はニンニク、「オーリオ」は油、すなわちオリーブオイルを意味し、「ペペロンチーノ」は唐辛子のことを指す。オリーブオイルで香ばしく炒めた、ニンニクと唐辛子だけの（パセリも入るが）シンプルなスパゲッティであるが、イタリアのマンマに限らず「おふくろの味」と呼ばれるものは、けっして華美で豪勢な料理などではない、こういったシンプルだが飽きのこない料理のことをいうのであろう。

　日本のイタリア料理界の重鎮である片岡護シェフの著書[4]によると、このアーリオ・オーリオ・エ・ペペロンチーノに唐辛子を入れるのは、けっして強い辛味をつけるためではなく、唐辛子の辛味がアクセントとして効果的であるからだそうだ。たしかに、唐辛子の入っていないペペロンチーノ（その時点で、すでにペペロンチーノではないが）は何のアクセントもない間延びした味になりそうだ。片岡シェフも唐辛子抜きでは「もそっとして、食べにくいこと甚だしい」と書いている。

　もうひとつ、唐辛子を使ったパスタ料理で有名なのが「アラビアータ」である。ペン先のような形のショートパスタ「ペンネ」を使い、唐辛子が入った辛味の強いトマトソースで食べるパスタ料理だが、「アラビアータ」という名前から「アラビア風」なのかと勘違いする人が多い。だが、「アラビアータ」（arrabbiata）とは、イタリア語で「怒りん坊」という意味で、つまりは唐辛子の辛さを「怒り」で表現しているわけだが、その気持ちはよくわかる気がする。[5]

こういったパスタの他にも、「ペペロンチーノ・リピエノ」（口絵v頁）という料理が、唐辛子を用いたイタリア料理としてよく知られている。これは、球形で小型のトウガラシ品種「ペペロンチーノ・ロトンド」の胎座、隔壁、種子を取り除き、ツナなどを詰めたものである。

唐辛子産地カラブリア

トウガラシがイタリアに伝わったのは、一五二六年とされている。

ちなみにイタリア料理に欠かすことのできないトマトも、トウガラシと同様、新大陸起源のナス科の作物であり、トウガラシより四年早い一五二二年にイタリアに伝わっている。ともに当時、スペインの支配下にあったナポリに最初にもたらされ、そこからイタリア全土に広がったようだ。[6]

さて、現在、イタリアでトウガラシの産地として知られているのがカラブリアである。イタリアの国土をブーツの形にたとえると、ちょうどつま先あたりに位置している地域で、この州の自治体のひとつ、デアマンテでは、一九九二年からペペロンチーノ・フェスティバルが毎年開催されており、イタリアのみならず欧州全土から辛いもの好きが集まるという。[7]

このカラブリア州には有名な唐辛子料理がいくつかあるが、そのひとつに「サルデッラ」、またの名を「ロザマリーナ」と呼ばれているものがある。ニシイワシの稚魚を唐辛子と塩で漬け込んだもので、現地では「貧乏人のキャビア」などとも呼ばれている。たしかに、以前、東京大井町にあったカラブリア料理店ファビアーノで食べたサルデッラは、なめらかな塩辛のような状態で、その熟（な）れた味が素晴らしく、キャビア並みにおいしかった。いやキャビア以上に旨いかもしれない。

カラブリアの唐辛子料理では「ンドゥイア」（口絵ｖ頁）も有名である。カラブリアでも西のほう、再度、イタリアの国土をブーツの形にたとえれば足の甲に当たるヴィボ・ヴァレンツィア県のスピーリンガという村の名物で、細かく切った豚の肩肉やバラ肉、あるいは内臓肉などを、唐辛子、塩とともに豚の膀胱や盲腸に詰めて熟成させたものである。カラブリアの辛口サラミと紹介されることが多いが、ソーセージ的なものではなく硬めのペースト状で、そのままパンなどに塗りつけることもできる。結構な量の唐辛子粉が入っているらしく、見た目も真っ赤で、味も辛口。発酵のためか少し酸味があって、その熟成された味は奥深い。パスタなどのソースに使うなど料理に深いコクと辛味を与えることもあるそうで、イタリア版の肉（しし）びしおといってもいいかもしれない。

これ以外にもカラブリアには「ソップレッサータ」と呼ばれる唐辛子入りのサラミや、豚の背肉の生ハムで唐辛子を味付けに使った生ハム「カポコッロ」もある。これらの豚肉製品、すなわち「ソップレッサータ・ディ・カラブリア」、「カポコッロ・ディ・カラブリア」に加え、「サルシッチャ・ディ・カラブリア」、「パンチェッタ・ディ・カラブリア」の四品目は、イタリアの原産地呼称制度「デノミナツィオーネ・ディ・オリージネ・プロテッタ」（ＤＯＰ）に選定され、保護されている。

タバスコはイタリア料理にあらず

日本でイタリア料理を食べる時の習慣で、本国イタリアではありえないことがある。実は唐辛子に関することなのだが、ご存じだろうか。答えは、パスタやピッツァにタバスコソース（正確にはマキルヘニー社のタバスコペッパーソース）をかけて食べることである。

実はこの日本独特の食習慣は、昭和の頃に、タバスコソースの当時の日本の輸入代理店が喫茶店を中心に売り込んだ結果であるとされている。その頃の喫茶店で食べられる食事といえば、サンドウィッチにカレーライスの他は、ナポリタンやミートソースのスパゲッティ、もしくはピザトーストかピザパイ（当時ピッツァではなくピザパイと呼んでいた）くらいであった。この中で、トマト味（当時はむしろケチャップ味）のスパゲッティやピザパイがタバスコソースの味と相性がよかったことから、それ以来、日本では定番の組み合わせとなったのである。

ずいぶん前のことなので、若干、記憶があいまいであるが、テレビのクイズ番組で、イタリアのあるレストラン（リストランテ）が紹介されていて、「このお店のメニューには〝日本風〟パスタがありますが、いったい、どういう味付けでしょうか」という問題が出題されていた。答えは、醤油味でも味噌味でもなく、なんとタバスコソース味だった。あまりに日本人観光客が「タバスコソース、ありますか」と聞いてくるので、その味のパスタを作り、日本風として名付けたのだそうだ。

そもそもタバスコソースとは米国南部ルイジアナ州にあるマキルヘニー社の製品であり、原材料はメキシコのタバスコ州が原産の、フルテッセンス種の品種「タバスコ」（口絵ⅲ頁）である。本来なら、米国南部のケイジャン料理などに使われるはずのタバスコソースであるが、イタリア料理であるパスタやピッツァと出会って、新しい食文化が生まれたのである。それも日本の喫茶店で……。

このような突飛な現象に出会うと、トウガラシの起源や伝播、その食文化について語るのは、一筋縄ではいかないものだとつくづく思う。だが、こういったところにこそ、トウガラシならではのおもしろさ、奥深さがあるのかもしれない。

ペペローネとペペロナータ

イタリアでは、辛くない大型のトウガラシ「ペペローネ」、すなわちパプリカも料理によく使われている。

ペペローネはイタリアの一般的な野菜のひとつではあるが、特に北西部のピエモンテ州がその産地として有名である。ピエモンテのペペローネ料理としては、煮込み料理の「ペペロナータ」が有名だが、直火で焦がした果皮をむいてオイルでマリネにした「ペペローニ・ソットーリオ」も美味しい。また、オリーブオイルや塩だけで生野菜を食べるスティックサラダ「ピンツィモーニ」や、温めたアンチョビのソースを野菜につけて食べる「バーニャカウダ」にもペペローネは欠かせない。

また、このピエモンテ州はスローフード運動の発祥の地としても知られている。

「スローフード」とはファストフードの反対語として唱えられた言葉で、地域の伝統的な農産物とその食文化を見直そうというのが、この運動の趣旨である。その始まりは、ローマでのマクドナルド開店に反対する活動から始まったとされるが、もうひとつ、ピエモンテの名物料理ペペロナータがその発端に関わっているともされている。というのも、スローフード運動の創始者カルロ・ペトリーニがピエモンテのレストランでペペロナータを食べたところ、非常に味が落ちていたのでシェフに尋ねたら、従来の在来品種ではなく、輸入された安いパプリカを使っていると聞かされ、地域の野菜の重要性に気がついたという話があるからだ。[8] ひとつの唐辛子料理が、世界的な食文化のムーブメントを起こしたのだ。

香ばしいペペローニ・クルスキ

さて、かくのごとく、ペペローネとピエモンテ州は切っても切り離せない関係があるわけだが、イタリア野菜に詳しい長本和子先生の著書[9]によると、イタリア南部バジリカータ州もペペローネの産地であるという。イタリアの国土をブーツの形にたとえると土踏まずの部分に当たる地域で、前述したイタリア随一の唐辛子の名産地、カラブリア州の隣になる。

長本先生によると、イタリアのペペローネは、果実の四角い（ベル形）品種、大型で長方形（長めのベル形）の品種、そして、先のとがった牛の角形（円錐形）の品種に大別できるが、バジリカータ州で有名なのは、先のとがった品種で、同州の中でもセニーゼ産のものが特に知られているのだそうだ。

バリジカータ州でも、ペペローネは煮込み料理ペペロナータに使われる他、ジャガイモと煮込んだり、グリルして食べるそうだ。だが、この地方で最も有名なトウガラシ料理といえば、乾燥したペペローネを揚げた「ペペローニ・クルスキ」（口絵ｖ頁）である。私もイタリアを旅した友人からお土産にいただいたが、香ばしくサックリとしており、スナックとしても美味しい逸品だ。

イタリアには、辛いトウガラシはもちろんのこと、甘いトウガラシにもたくさんの品種がある。ペペローネひとつとっても様々なものがあり、その調理法も、煮込む、生で食べる、乾燥して揚げるとバラエティに富んでいる。

こういったあたりにもイタリアの唐辛子文化の奥深さが窺い知れよう。

ハンガリー、ブダペストの市場で売られているパプリカ

3　東欧諸国とパプリカ

ハンガリーのグヤーシュ

ヨーロッパのトウガラシ文化圏は、スペイン、イタリアなどの南欧諸国だけに限られているわけではない。東欧諸国では、甘いトウガラシ＝パプリカは食卓に欠かせない食材となっている。

まずは、そのパプリカからビタミンCを単離し、ノーベル賞を受賞したセント＝ジェルジ・アルベルト博士の故郷ハンガリーから見てみよう。

このパプリカの一大産地の郷土料理に「グヤーシュ」（口絵v頁）や「ペルケルト」などと呼ばれるものがある。どちらも肉と野菜、そしてパプリカの粉を煮込んだ料理であるが、グヤーシュはスープ、ペルケルトはシチューとして食べられている。[10] 肉には牛肉、野菜にはタマネギやトマトを使うのが基本形だが、羊や豚、ソーセージを使用したり、別の野菜を入れたりすることもあるらしく、バリエーションの幅は大きいようだ。

ルーマニアのザクースカ

ハンガリーの隣国、ルーマニアでもパプリカは重要な野菜とされる。

我々の研究室の卒業生で、かつて青年海外協力隊員としてルーマニアのオルト県スラティナ市に派遣されていた川澄（旧姓守屋）志保氏によると、[11] 同国のパプリカは大まかに「ゴゴシャール」、「カピア」、および「アルデイ・グラス」という三つの品種に分けられ、それ以外に「アルデイ・イウテ」と呼ばれる辛いトウガラシ品種もあるという。

「ゴゴシャール」は扁平なトマト、もしくはカボチャのような形状の果実で、非常に果肉の厚いパプリカである。「カピア」は「アルデイ・ルング」とも呼ばれ、「ルング」は「長い」、「アルデイ」は「パプリカ」を意味し、「アルデイ・グラス」は「太いパプリカ」、「アルデイ・イウテ」が「辛いパプリカ」となる。

これらのパプリカは、そのままで食することは少なく、ペーストにしたり、漬け物やザクースカと呼ばれる保存食にすることが多い。実際、ゴゴシャールに関しては、ザクースカの材料として利用されることがほとんどだ。

ザクースカとは、煮込み野菜のペーストであり、直火で焼いたゴゴシャール、もしくはカピアの皮を焦がしてはぎ取ったものと、同様に焼いて皮をはいだナスに、細かく切ったニンジンやトマトスー

ルーマニアのパプリカ粉と唐辛子粉
甘いパプリカ粉ボイア・ドウルチェ2品、辛いパプリカ粉ボイア・イウテ、唐辛子粉（左から）

プを加えて煮込んだものである。どの家庭でもパプリカの収穫期に、大量に作ってビンに詰めて保存し、冬の野菜のない時期に食べるのだ。

もうひとつのパプリカ、アルデイ・グラスは、胎座、隔壁、および種子を取り除いて、中にキャベツ、紫キャベツ、ニンジン、セロリアックなどを詰めたものを漬け込んでピクルスを作る他、肉詰めやチーズ詰めなど、主に詰めもの料理に使われることが多い。

アルデイ・グラスは、果肉が薄くて乾燥させやすいせいかパプリカ粉にも加工されるが、辛味のあるアルデイ・イウテもまた、乾燥させて粉にする。つまり、ルーマニアには甘い粉（ボイア・ドウルチェ）と辛い粉（ボイア・イウテ）と二種類のパプリカ粉があるのだ。

これらのパプリカ粉は鮮やかな色をしており、ルーマニアのクリスマスに欠かせない豚脂身の燻製肉の色づけに使われている。

一般に唐辛子を用いる食文化は、起源地中南米の他、アジアやアフリカに多く、ヨーロッパにはあまりないように思われがちだ。しかし、本章で示したように、ヨーロッパでも実は様々なトウガラシが愛され、それぞれの地に根付いている。唐辛子抜きでは考えられない料理がいくつもあり、イタリアであれば唐辛子は「マンマの味」、ルーマニアではクリスマスの定番料理の食材となっている。仏領バスクの町、エスプレットに至っては、町そのものがトウガラシ一色に染められている。

様々な地域に唐辛子は伝来し、それ以降、長い時間をかけてその土地の食文化に深く浸透していった。そして、その一部は今や、原産地呼称制度で保護されている「伝統食材」「伝統料理」とまでなっている。

トウガラシが中南米からヨーロッパに伝来した時、残念ながら、それにまつわる食文化はまったく伝わらなかった。だが、唐辛子は新たな大地に根付き、その地に住む人々の食文化を実に豊かなものにしたのだ。

そして、このようなトウガラシの恩恵にあずかったのは、ヨーロッパだけではない。

そのことを見るためにも、次の大陸、アフリカへと旅を進めよう。

第八章　キネンセ種が大活躍――アフリカ

1　西アフリカ

香りと風味が豊かなキネンセ種

ちょっと前の話になるが、一九九八年、西アフリカの国、コートジボワールとブルキナファソを訪ねたことがある。トウガラシ研究者としてではなく、農業一般の専門家としての訪問で、これら二ヵ国の農業、福祉、衛生などの実情調査が私の本来の役目であったが[1]、農業調査の際、市場に出かけ、どんな農産物が売られているのかを調べたりしていると、ついつい赤いものに目がいってしまう。コートジボワールの三つの市場で確認できた農作物は、植物種で数えると五〇種にのぼり、トウガラシはアニューム種、フルテッセンス種、およびキネンセ種の三種が売られていた[2]。

熱帯、亜熱帯アジアでは、アニューム種に次いでフルテッセンス種がよく利用されており、キネンセ種はほとんど見ることはない。だが、コートジボワールの市場やブルキナファソの露店では、キネンセ種に属するトウガラシの生果実が一番多く売られていた。先の尖った、少し幅のある果実のものや、ピーマンを小型にしたような形のもの、カボチャ型の幅の広い果実のものまで、様々なキネンセ種のトウガラシがあったが、総じて、一般的なアニューム種の辛味品種やフルテッセンス種よりもずんぐりとした形をしている。人類学者の川田順造先生の唐辛子に関する著書[3]でも、ブルキナファソでのキネンセ種の利用が報告されている。

キネンセ種といえば、ハバネロやそれより辛いギネスブック級の品種は、いずれもこの種に属しており、味見をする際は、ちょっと警戒しないといけない。そんなわけで、コートジボワールでは、トウガラシを少しずつ齧るのが常であったが、たしかに日本の一般的な辛味トウガラシ品種よりは十分辛いものの、ほどよい激辛というか、そんなに度を超した辛味ではなかった。さらに、その辛味の向こう側にある果実の甘味や香りなどが非常によい。このキネンセ種のトウガラシが一番多く売られている理由——すなわち、この地で愛されている理由がわかったような気がした。

①

②

西アフリカのトウガラシ
①コートジボワールのキネンセ種（左）とアニューム種2点
②セネガルのキネンセ種カーニ・ヘン

では、コートジボワールやブルキナファソ以外の地域ではどうなのだろうか。池野雅文氏は、同じ西アフリカのセネガルのトウガラシについて詳しく書いている。[4]

それによると、セネガルを代表するトウガラシは「カーニ・ヘン」と呼ばれるカボチャ形の品種で、非常に風味が豊かなのだそうだ。このセネガル国民に愛されているトウガラシ品種もキネンセ種に属するものだ。

また、東アフリカのタンザニア南西部では「ピリピリ・ンブジィ」と呼ばれるキネンセ種のトウガラシがあり、山羊のスープに欠かせない薬味となっている。[5] さらには、ガーナ、ザイールでもキネンセ種の栽培利用が確認されているが[6]アジアではマイナーなキネンセ種が、アフリカでメジャーなのは興味深い謎だ。

唐辛子入りアフリカ版「汁かけご飯」

さて、コートジボワールではヤムイモやキャッサバなどの芋類や、甘くないデンプン質のプランテイン・バナナが主食として食べられているが、実はこの国の南部地方は米どころでもある。アジアのイネであるオリザ・サティバ種とは異なるアフリカイネ（オリザ・グラベリマ種）や在来のイネが栽培されており、古くから米が主食として食べられている地域である。

コートジボワールの公用語はフランス語で、ご飯は「リ」（riz）というが、庶民の料理に「リ・ソース」と呼ばれるものがある。直訳すると「ソースご飯」となり、いわばアフリカ版「汁かけご飯」といったところになろうか。ただし、ソースといっても、ウスターソースのようなものではなく、シチューのような煮込み料理だ。

このリ・ソースをコートジボワールで何回か食べてみたが、お店によって味や具材が異なり、様々なものがあるようだ。田舎町の露店で食べたものはトマトベースの味付けであり、魚とナスが入っていた。ソースに少し重みがあったのは、現地でよく見る豆（バンバラマメ）のペーストが入っているからであろう。また、コートジボワール第一の都市、アビジャンのマキと呼ばれる大衆食堂で食べたものは、同じくトマトベースであるもののピーナッツペーストとともに味付けされており、チキンとオクラが入っていた。ブルキナファソの食堂でもメニューにリ・ソースがあったので注文してみたが、猫ほどの大きさのアグーチと呼ばれるアフリカオニネズミの肉が入っていた。

いずれの〝ソース〟も、カレーライスのようにご飯と混ぜて食べるととても美味しく、同じ米食である我々日本人の舌との相性もよいのだが、どれにもみな共通しているのは、唐辛子が使われていることだ。煮込まれてはいるが、形くずれはしておらず、キネンセ種のずんぐりとした形の果実がそのままころんと入っている。一皿に丸ごと一個入っているのが普通で、聞いてみると、この唐辛子を少しずつ崩して、ソースに混ぜて辛味を調節して食べるのだそうだ。私も最初に食べた時は、辛くなり

ブルキナファソの食堂で食べたリ・ソース（ホロホロ鳥とアグーチの煮込み）

すぎてはいけないので、慎重に少しずつ崩して食べてみたのだが、辛いことは辛いが、危惧していたほどの激辛ではなく、結局、残すことなく食べてしまった。そんなことから、二回目からはどんどん潰してその辛味を楽しみながら食べた。

池野雅文氏の雑誌記事[7]や『世界の食文化』のアフリカ編[8]によると、セネガルでも同じような唐辛子の入った汁かけご飯があり、やはり丸ごと煮込まれた唐辛子果実を少しずつ潰して辛味を調節するのだそうだ。

オイル漬け唐辛子調味料

コートジボワールとブルキナファソでは、キネンセ種のトウガラシを使った食品をもうひとつ、よく見かけた。その肉厚な果実を生のまま細かいみじん切りにして、ヤシ油に漬け込んだ辛味調味料だ。たいていの食堂のテーブルの上に置いてあって、ローストしたチキンや魚、時にはホロホロ鳥やアフリカオニネズミを食べる際の薬味として使うとすこぶる美味しかった。熱帯アフリカの非常に暑い地域ということもあり、食事の際にちょっと辛味が欲しいことがある。そんな時にこのオイル漬け唐辛子があると、辛味付けができ、風味もよくなる。

ちなみに、池野雅文氏によると、[9] セネガルには「スース・カーニ」と呼ばれる調味料がある。これは、先述の「カーニ・ヘン」の生果実、それとは別種の「カーニ・ブ・セウ」と呼ばれる小さいトウガラシの生果実とタマネギに、食酢と少々のトマトを加えたものだ。「カーニ・ヘン」は風味付け、「カーニ・ブ・セウ」は辛味付けに使われているとのことで、セネガル人が唐辛子を使い分けることで料理の味の特徴を出しているということがよくわかる。

2　東アフリカと北アフリカ

エチオピアの代表料理「ワット」

舞台をコートジボワールやブルキナファソ、セネガルなどがある西アフリカから遠く離れた大陸の反対側、東アフリカのエチオピアに移そう。

二〇一四年、京都大学で開催された国際シンポジウムでエチオピアの農業試験場や大学の研究者の前で講演する機会があったが、シンポジウム終了後に何人かのエチオピア人研究者から「唐辛子の研究をしているなら、エチオピアに来なきゃダメだよ！」と強く勧められた。エチオピアの料理は辛いものが多いので有名なのだそうだ。

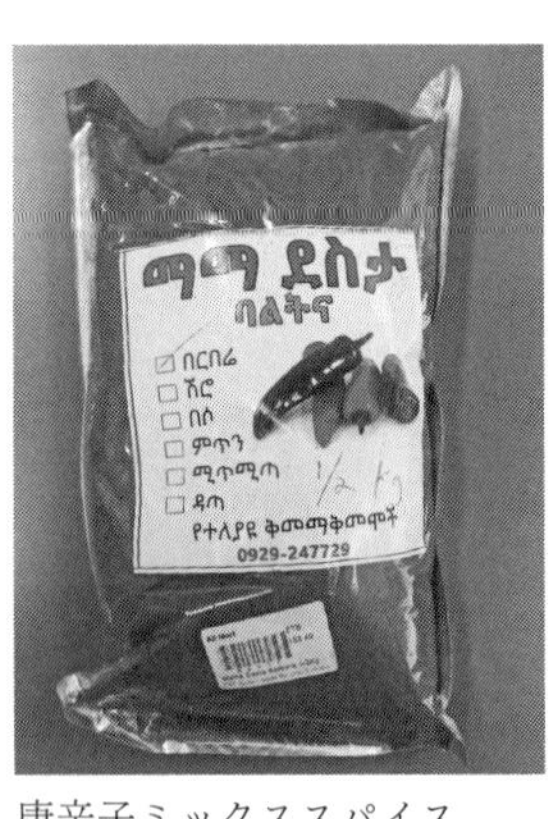

唐辛子ミックススパイス「バルバレ」

京大の重田眞義先生[10]によると、エチオピアではアニューム種の唐辛子は「カーリア」、フルテッセンス種の唐辛子は「ミトゥミタ」と呼ばれている。だが、小さめのアニューム種も「ミトゥミタ」と呼ぶ場合もあり、植物種で区別しているのではなく、果実の大きさで区別しているのかもしれない。また、エチオピア独特のミックススパイスで、カーリアを乾燥させたのち粉にして他のハーブ類と混ぜたものを「バルバレ」というが、ミトゥミタの粉で作ったミックススパイスは、そのまま「ミトゥミタ」と呼ばれている。

さて、エチオピアといえば、まず思い浮かぶのがテフという雑穀とそれで作った「インジェラ」というパンケーキ状の主食だ。テフはイネ科スズメガヤ属の植物で、エチオピアでしか栽培利用されていない。この極小の種子をさらに挽いて粉にして、水に溶いて放置し、乳酸発酵させてから薄く焼いたパンケーキがインジェラである。そして、このインジェラとともに食べるのが、「ワット」というおかずで、京都大学のシンポジウムの際、エチオピア研究者たちが自慢していたエチオピアの辛い料理のひとつなのである。

ワットも西アフリカのリ・ソースと同様、煮込み料理であり、チキンとゆで卵が入れば「ドロ・ワット」、羊肉なら「ヤ・バグ・ワット」（イェベグ・ワット）、牛肉なら「シガ・ワット」、豆入りなら「シロ・ワット」と呼ばれているが、リ・ソースのように唐辛子が丸ごと、ごろんと入っているのではなく、先述のバルバレなど、唐辛子がふんだんに入ったスパイスを使用しており、赤くて辛い。この辛いワットを、発酵による酸味のあるインジェラで包みとって食べるのが、エチオピアの代表的な食事なのだ。[11]

エチオピア風ユッケと牛刺し

エチオピアの食文化でもうひとつ特徴的なのは、生肉を食べることだ。

エチオピアへの現地調査に何度か出かけたことがある我が研究室の同僚・根本和洋先生によると、生の牛肉を「アジのたたき」のようにたたいて細かくした、エチオピア風ユッケともいえる「キットフォー」が有名だという。「ケベ」と呼ばれる独特の匂いのするバターと和え、唐辛子やタマネギで辛味や風味を付けるなどして、これもインジェラとともに食べるのだそうだ。

また、「テレスガ」と呼ばれる生の牛肉料理もある。いわば一種の牛刺しで、五〇〇グラム単位で生肉をオーダーするというから実に豪快な料理だ。前述の唐辛子入りミックススパイス、ミトゥミタと一緒に食べるか、あるいは、もう一方のミックススパイスであるバルバレをレモン汁で溶いた「アワゼ」と呼ばれるタレで食べるのだという。

北アフリカの調味料ハリッサ

もうひとつ、アフリカ大陸の唐辛子文化を紹介しておきたい。北アフリカの地中海沿岸、チュニジアなどのマグリブ諸国の調味料なのだが、これまで書いてきたサハラ以南のアフリカのものとは少し

唐辛子調味料「ハリッサ」

印象が異なるかもしれない。

　この調味料は「ハリッサ」と呼ばれ、生の赤唐辛子（同地では「フィルフィル」と呼ばれる）を蒸して、オリーブオイルと塩でペースト状に調整したものだ。[12] ここにニンニクやトマトの他、コリアンダー、クミン、キャラウェイなどのスパイス類も入れるのだが、それぞれの家庭、お店やメーカーによってレシピが違い、味も微妙に異なっている。

　このハリッサは、マグリブ諸国の郷土料理であるクスクス（挽き割りのデュラム小麦の粒状主食食品）やそのおかずとなるタジン鍋料理、またはケバブなどの薬味として使われている。

　我が家では、イタリア風の野菜たっぷりのトマトスープであるミネストローネに入れて食べるのだが、このハリッサを少し加えただけで、イタリアから地中海を対岸に渡ったかのごとく、味が変化する。また、我が家ではバーベキューの際の薬味としても使ったりするが、この場合、豚肉より断然牛肉との相性がよいように思える。マグリブ諸国がイスラム教の国であることから、そういう風に感じてしまうのだろうか。

　いずれにせよ、このハリッサは、エスニックな調味料ではあるが、守備範囲が広く、相性がよい料理が多いように思える。

　ハリッサは日本でも輸入食材を置いている高級スーパーなどで買うことができるが、私が最初に見たハリッサは缶詰であった。その後、使いやすい瓶詰のハリッサを見かけるようになり、最近ではチューブ入りもあるとのことで、さらに使いやすくなっている。トウガラシを通じて、北アフリカがどんどん身近になってきているようだ。

アフリカのアメリカ、アメリカのアフリカ

アフリカでも私は西のほうにしか行ったことがないが、そこでふれてきた食文化にはアフリカ起源の作物よりも、トウガラシと同じアメリカ大陸起源の作物が多かったような印象がある。

例えば、リ・ソースはトマトで味付けされ、そこにピーナッツペーストが入っていることも多いが、トマトにしろ落花生にしろ、ともにアメリカ大陸起源である。

このような現象は、料理だけでなく、主食にも及んでいる。

西アフリカにいる時、よく食べた主食で「フゥフゥ」というものがあったが、これはアメリカ大陸起源の作物のひとつであるキャッサバを搗いて作ったマッシュポテト的なものであった。また、「アチャケイ」という主食は、粗くおろして粒状にしたキャッサバを発酵させたものである。

キャッサバ以外のアメリカ大陸起源の作物では、トウモロコシも主食として利用されている。西アフリカで主に「トー」、東アフリカで「ウガリ」と呼ばれているものは、トウモロコシ粉をペースト状に煮たものだ。

この「トー」、「ウガリ」には、そもそもアフリカ原産のイネ科雑穀であるトウジンビエやシコクビエ、あるいはモロコシ（ソルガム）が使われていたが、のちに、生産性の高いトウモロコシに置き換

わっていった。また、キャッサバについても、かつて西アフリカのギニア湾岸で主食となっていたヤムイモにとって代わったようで、おそらく、トウモロコシと同様、生産性の高さからそのようになっていったのだろう。落花生にしても、もともとアフリカにあった、落花生同様、地中に豆をならせるバンバラマメに代わって普及したという経緯がある。

これらの中南米起源の作物が、いつ、どのようにアフリカに伝播し、普及したかはわからない。だが、今ではアフリカにしっかりと根付き、なくてはならない作物になっている。

しかし、なぜ、アフリカには、アメリカ起源の作物がこれほどまでに多いのだろうか。

アフリカには奴隷貿易という暗い歴史があるが、もしかしたら、その時に生じたアフリカとアメリカ間での人々の往来に由来しているのかもしれない。

実際、南北アメリカ大陸に奴隷として連れてこられたアフリカ人は、様々なかたちで、強制的に住まわされた地、アメリカ大陸の食文化に大きな影響を与えている。米国ルイジアナ州ニューオリンズあたりのクレオール料理や南米ブラジルの料理はその一例だが、アメリカ大陸からアフリカに渡った人々もまた、新たな食文化を渡航した地にもたらしたことは十分に考えられる。

ヒトが動き、作物が動き、食文化が生まれる。アフリカ大陸におけるトウガラシ最大の謎——なぜアジアでは極めてマイナーなキネンセ種のトウガラシが、アフリカでは非常にメジャーなのか——の答えは、案外、そのあたりに理由があるのかもしれない。

第九章　ストレートで味わうか、ミックスして味わうか——南アジア

1　ネパール

生物多様性の大きい国

私がトウガラシの研究を始めたのは、信州大学農学部園芸農学科の四年生だった時——昭和から平成に変わった直後のことだった。

当時、私が所属していた作物育種学研究室（現・植物遺伝育種学研究室）は、長野県という立地もあって、主にソバ育種の研究を行っており、一九八〇年代からは、ネパールなどからソバ遺伝資源を数多く収集していた。その際、同時にトウガラシについても数多くの種子を集め、保存していたのだが、当時はソバの研究が優先されていたので、それらのトウガラシ種子については栽培試験は行われておらず、諸形質の評価もなされていなかった。そこで私は、その未着手の研究をしようと決め、大学院修士課程修了までの三年間、トウガラシまみれの生活を送ることになったのだ。

我々の研究室がネパールを遺伝資源の収集先に選んだのは、そこが低緯度高標高地域であるからだ。

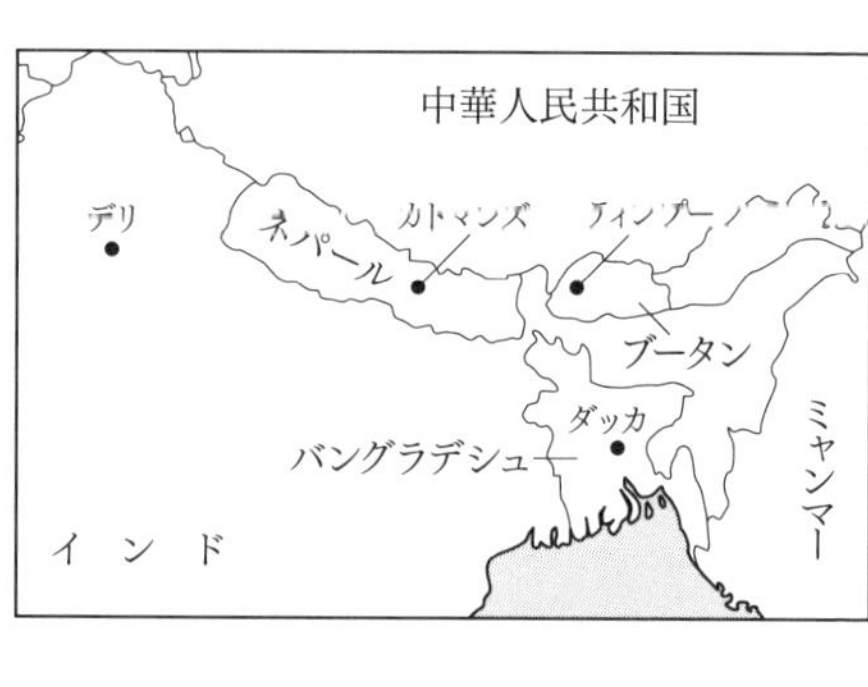

ネパールの首都カトマンズの緯度は北緯二七度付近であり、日本でいうと奄美諸島の徳之島とだいたい同じである。通常、その緯度だと気候は亜熱帯性となり、実際、ネパールでも標高七〇〇メートル程度の南部タライ地方はこの気候帯に属している。しかしながら、ネパールは世界最高峰のエベレストを含むヒマラヤ山脈に沿って位置し、北に向かうほど標高が上がっていく。そのため、少しの水平移動でかなりの垂直移動をすることになり、亜熱帯の南部タライ地方から北上するにしたがい、温帯、そして高山性の冷涼な気候へと、どんどん変化していくのである。

このように急激な標高差とそれに伴う気候変化があると、比較的狭い地域内であっても幅広い生物多様性が見られ、植生についても「垂直分布」を示すことになる。同様に農業形態もその標高によって異なり、生産される農作物の多様性も大きいのである。

こうした理由から、ネパールのような低緯度高標高地域は、我々、植物や農作物を研究している者にとっては大変興味深い地域なのである。

「小さくても強い人」——ジレ・クルサニ

農作物の多様性が大きいネパールでは、トウガラシについても様々な品種が栽培利用されているが、その多くはアニューム種に属する品種である。おそらく、フルテッセンス種など晩生のものは標高が高い冷涼な地域には向いておらず、早生から晩生まで様々な品種が存在するアニューム種のほうが、気候、地形とも多様性に富んだネパールには適応できたのであろう。

ただし、数は少ないがフルテッセンス種もネパールで栽培されている。それは「ジレ・クルサニ」（口絵iii頁）という品種で、小型で辛味の強い果実がつく。「ジレ」とは「小さくても強い人」という意味、「クルサニ」は唐辛子のことを指し、直訳すると「小粒で（辛味が）強い唐辛子」となる。

ちなみに、ピーマンやパプリカのような大型果実で辛味のないトウガラシ品種は「ベンデ・クルサニ」と呼ばれる。「ベンデ」は「大きくても力がない人」という意味で、さしずめ「ジレ」が「山椒は小粒でピリリと辛い」といった具合であれば、「ベンデ」は「独活（うど）の大木」といったところだろうか。

カトマンズの市場で
売られているアニューム種

この他、フルテッセンス種に属するトウガラシ品種に「セト・ジレ・クルサニ」と呼ばれる品種もある。「セト」はネパール語で「白」を意味するが、未熟果実が白く、かつ辛味が強くて小さい果実がなる。

「唐辛子の王」——アクバレ・クルサニ

ネパールのトウガラシの多様性を見ていくうえで、おもしろい品種がひとつある。「アクバレ・クルサニ」と呼ばれるトウガラシなのだが、実はこの品種、分類学上、どの種に属するのかが定かではないのだ。花や果実などの形態から種を同定するとキネンセ種のようだが、細かくみると確定できない。また、研究室で、この系統とアニューム種、フルテッセンス種、およびキネンセ種との人工交配を試みたところ、どの種とも素直には次代の種子が得られず、交雑が難しかった。[1] さらに、世界中の様々なトウガラシのDNAを比較しグループ分けしたところ、遺伝的にフルテッセンスおよびキネンセ種グループとアニューム種グループの中間に位置すると結論づけられたが、[2] ニューメキシコ州立大のボズランド教授らの同様の研究では、アニューム種のグループの中に含まれるという結果を報告している。[3]

アクバレ・クルサニ（ダレ・クルサニ）

ネパールのトウガラシで種があいまいなのはアクバレ・クルサニだけではない。実はフルテッセンス種と紹介したジレ・クルサニの中には、アニューム種とフルテッセンス種の両方の特徴を持つ個体が混在していて、あたかも一品種のように扱われているものも見つかっている。

アクバレ・クルサニのような植物分類学的な種同定が困難なもの、ジレ・クルサニのような通常の自然交雑で生まれにくい種間雑種があるというのは、まさに農作物の多様性が大きいヒマラヤならではの現象である。

さて、種が特定できないアクバレ・クルサニであるが、「アクバレ」とはインドを支配したムガール帝国第三代君主（在位一五五六〜一六〇五年）、アクバル大帝に由来するもので、「アクバレ・クルサニ」とは、まさに「唐辛子の王」という意味である。元来は東ネパールの在来品種で「ダレ・クルサニ」とも呼ばれている。「ダレ」とは「丸い」という意味のネパール語であり、このグループのトウガラシ果実の形やサイズがサクランボのような丸い形をしていることから、そう呼ばれているのであろう。今ではネパール東部のみならず各地域に広がり、ブータン王国南部にもその栽培利用が見られる。ただし、我々がブータン南部で見聞きした限りでは、「アクバレ・クルサニ」とは呼ばれておらず、「ダレ・クルサニ」の呼称のみが使われており、ブータン訛りなのだろうか「ドゥレ・クルサニ」と聞こえる発音で呼ばれていた。

唐辛子の王は激辛で人を殺す

「アクバレ・クルサニ」、もしくは「ダレ・クルサニ」のもうひとつの大きな特徴は、とても辛いことだ。

以前、このグループに属するトウガラシ果実の辛味成分含量を分析したことがあったが、その結果、乾物果実一グラム当たり一万マイクログラムものカプサイシノイドが含まれていることが判明した。三鷹の含量が約二〇〇〇マイクログラムであるから、その四〜五倍であり、相当な辛さである。

そのため、このトウガラシは、「ダレ・クルサニ」や「アクバレ・クルサニ」とは別の名で呼ばれることがある、例えば「ジャンマラ・クルサニ」。これは「体を殺す唐辛子」（＝人殺しの唐辛子）という物騒な意味で、このトウガラシの殺人的な辛さを示しているという。もうひとつは「ランゲ・クルサニ」で、直訳すると「雄の水牛のトウガラシ」という意味だが、その解釈がおもしろい。雄の水牛を一頭丸ごと料理する際に、このトウガラシ果実がひとつあれば十分だということなのだ。そんな大げさな、と思う人もいるだろうが、この唐辛子の強烈な辛さを如実に示しているようでおもしろい。

唐辛子の王は体によい

ブータン南部シェムガン県にある村の農家を訪れた際、アクバレ・クルサニのグループに属するトウガラシ品種が栽培され食用利用されていたが、この村のお父さんに言わせれば、果実ひとつで家族七人が満足するほど強い辛さなのだとか。いずれにせよネパールやブータンでは非常に辛いトウガラシとして知られているようだ。

しかし、このトウガラシ品種が広く評価されているのは、ただ辛いからということだけではない。非常に風味がよくて美味しいトウガラシであるとの評判を、ネパールやブータンのあちこちで耳にした。さらに、ネパールでは「普通のトウガラシは食べすぎると胃が痛くなる。だが、このトウガラシは辛味は強いが、食べすぎても胃に悪影響を及ぼさない」といわれており、「胃潰瘍や糖尿病の予防によい」、「胃癌に効果がある」などの噂も信じられているとのことであった（ただし、その科学的根拠は未解明であるが……）。そういえば、ブータン各地でも同じような話を聞いたことがあるので、何らかの健康効果が実際にあるのかもしれない。

このように辛くて美味しくて健康によいことから、「アクバレ・クルサニ」こと、東ネパールの「ダレ・クルサニ」は、今やひとつのブランドとして知られるようになっている。実際、ネパールの市場では、このトウガラシが他のトウガラシよりも高値で取り引きされていた。

ネパールの定食ダル・バート・タルカリ

様々なトウガラシが存在するネパールであるが、毎日の食事は、そんなに激辛料理の連続というわけではない。一般的な食事は「ダル・バート・タルカリ」、あるいは単に「ダル・バート」（口絵vi頁）と呼ばれる、いわば定食のようなものであり、ダル（豆スープ）、バート（ご飯）、タルカリ（野菜のカレー煮や青菜の炒めもの）、さらにアチャール（漬け物）の組み合わせが基本だ。これらの料理が、ちょうど昔の日本の小学校給食で使われていたような金属の皿やカップに盛られて出てくるのだ。

このダル・バート・タルカリは、いわゆる「カレー味」がベースなので、スパイシーであることはスパイシーなのだが、穏やかな辛さであることが多い。町の食堂などでは、この定食とは別に、生の青唐辛子、タマネギやキュウリなどの盛り合わせがサラダ代わりで出てくるので、辛さが物足りない人は、この

サラダ代わりとなる生の青唐辛子

青唐辛子を囓りながら食事をすればよいのだ。

だが、ネパールのすべての料理がマイルドな辛さかといえば、そんなことはなく、時々、目が覚めるような辛い料理に当たる。

例えば、カトマンズ盆地を中心に分布する民族、ネワール族の料理を食べた際、その中の一品、水牛の干し肉「スクティ」は強烈に辛かった。干し肉に、刻んだ青唐辛子と生ニンニクが和えてあり、その青唐辛子がストレートに脳天を突き抜ける辛さなのだ。しかも、この干し肉は非常に硬い。飲み込むに至るまでには、涙しながら嚙み続けなければならないのだ。

タカリー族のミックススパイス

ネワール族と同様、ネパールに居住する民族にはタカリー族がいる。信州大学農学部が連携協定を結んでいるムスタン郡のマルファ村（標高二六〇〇メートル）もタカリー族の村であり、学生の研修などで毎年お世話になっている。

ネパール国内で、タカリー族は料理上手で知られている。独特な料理としては、ヤク（牛の一種）の干し肉「ヤク・スクティ」（口絵vi頁）やネパール風のそばがき「ディーロ」などがあるが、これらの料理を食べる時に欠かせない「ティンムール」（口絵vi頁）というミックススパイスがある。一見、赤っぽい粉なので単なる唐辛子粉のように見えるが、そもそも「ティンムール」とは山椒を意味するネパール語であり、山椒に唐辛子と塩を混ぜ、さらに生姜やにんにくなども少し加えたものも

「ティンムール」と呼ぶのだそうだ。ただし、山椒といっても日本の和山椒ではなく、中国の花椒（ホアジャオ）と同じ仲間なので、少し香りが鮮やかな感じがする。

マルファ村の元村長バクティ氏によると、ティンムールに使われている唐辛子は、辛味の強いものか、あるいはタカリーの村在来の、香りがよくて辛味の弱いものだという。唐辛子の辛さに山椒の香りと痺れる感覚が加味されて、なんとも刺激的な味と香りがする。

もともとはチベット系の料理だが「テントゥック」と呼ばれるすいとんのようなスープもタカリー族の村でごちそうになったことがある。先のヤク・スクティが入っていて、とても味わい深く、ティンムールを振って食べると、さらに体が芯から温まって、とても美味しい。標高の高いヒマラヤ山麓の村での生活に即したミックススパイスだ。

2　ブータン

野菜として食べられている激辛唐辛子

ネパールから東へ進み、インドのシッキム地方を越えたところに位置するのがブータン王国だ。ネパールと同じヒマラヤ山脈の南側に位置する山国であるが、ネパールより湿潤な気候地域が多い。国力を経済ではなく幸福度で評価しようという「ＧＮＨ」（Gross National Happiness）の考え方で注目されたり、東日本大震災の直後には若き国王陛下と王妃殿下が来日されたことで話題になったりと、日

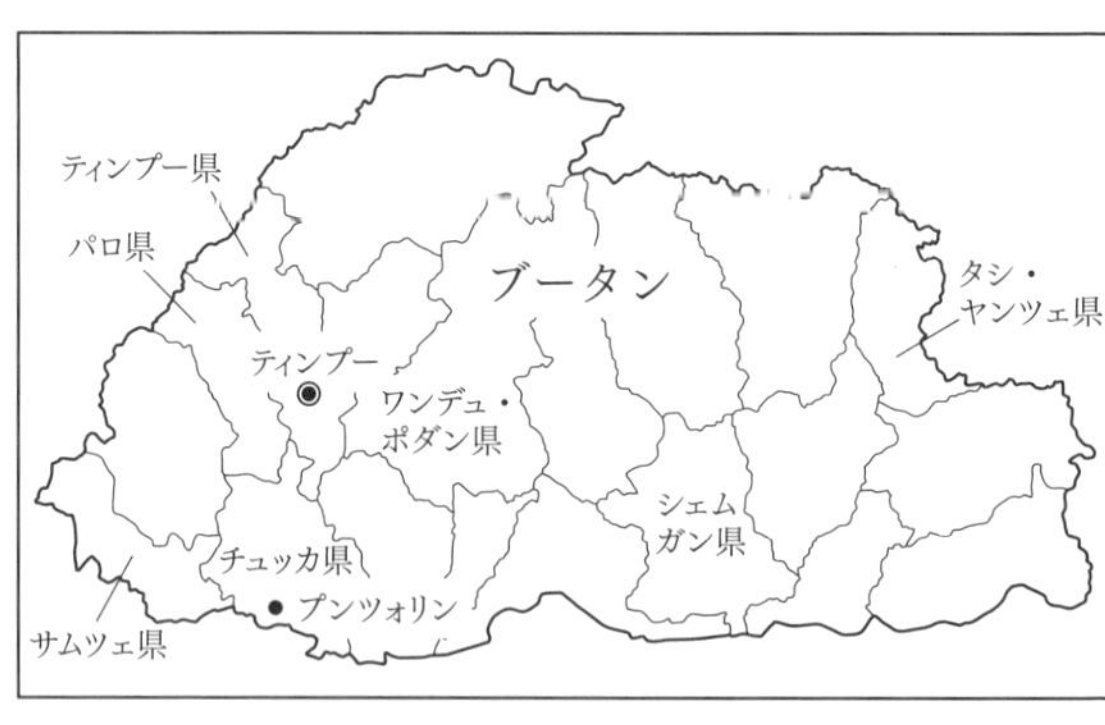

野菜として食べられる青唐辛子
(山村ウォンディポダンの農家で撮影)

本でも最近、よく知られるようになってきた国である。

ブータン料理の特徴は、辛いトウガラシを野菜として使い、おかずにしていることだ。

二〇〇七年七月、ブータンの首都ティンプーの市場で調査を行ったが、ちょうど青唐辛子のシーズンが始まる頃で、多くの買い物客が、米袋くらいの大きさのバッグに、買いつけた青唐辛子を詰め込んでいる姿を目にした。あまりの量なのでブータン人の共同研究者に、あの人たちは仲買人か、と聞いてみたら、驚くことに、みな、家庭用の食材として買っているのだという。毎食、唐辛子をおかずにしているのなら、これくらいは買わないといけないのかもしれないが、圧巻の光景であった。

ブータンでは、調査の一環で、とある山村を訪ねたことがあったが、その村の農家でごちそうになった昼食は、干し肉と唐辛子の煮込み「パクシャ・パー」（後述）と山盛りのご飯、そして数本の新鮮な青唐辛子であった。この唐辛子は、一種の生野菜のサラダのようなもので、皿の脇には塩が盛られており、その農家の、日本なら小学二、三年生くらいの男の子が、美味しそうに齧っていた。この村にたどり着くまで数時間ものあいだ、急峻な山道を登り続けていたせいか喉も渇いていたので、私も丸かじりしてみたが、予想以上の辛さで、不覚にも、その少年の前で涙することとなった。この辛い青唐辛子が彼らにとっては野菜なのである。

唐辛子のチーズ煮込み――エマ・ダツィ

ブータン王国では米が主要な主食だが、特に赤米が好まれている。そのおかずとして一般的なのが「エマ・ダツィ」、「パー」、そして「エゼ」の唐辛子料理三品だ。

「エマ・ダツィ」（口絵vi頁）の「エマ」とは、ブータンの公用語であるゾンカ語で「唐辛子」、「ダツィ」は牛乳やヤク乳で作られる「チーズ」を意味し、つまるところ、唐辛子をチーズで煮込んだ料理が「エマ・ダツィ」である。この料理こそがブータンで最も一般的で、一番好まれているおかずだ。ここにジャガイモ（ケワ）が入れば「ケワ・ダツィ」、きのこ（シャム）が入れば「シャム・ダツィ」、アスパラガス（ニカチュ）が入れば「ニカチュ・ダツィ」となり、その他にもナケと呼ばれる、日本のゼンマイやコゴミに似たシダの若葉など、お好みの野菜を入れて作るが、いずれも唐辛子がたっぷり入っていて辛口だ。

トウガラシをチーズで煮た料理といわれても、なかなかその味は想像しがたいだろうが、端的にいうなら、激辛のクリームシチューといった感じで、意外にご飯とよく合う。

エマ・ダツィには、汁気の多いスープタイプのものから、水分が少なく、溶けたチーズが唐辛子にクリームのように絡まっているタイプのものまである。以前、ブータン人の友人に聞いたところによると、スープっぽいタイプが昔からあるエマ・ダツィで、もったりと水分の少ないタイプは最近の流行なのだとか。

使われる唐辛子は熟す前の、緑色で比較的大きめの果実が多い。これを縦に半分か四分の一に切ってからチーズとともに煮込む。緑の果実が手に入らない時期には、乾燥した赤い唐辛子を使うこともある。

また、乾燥した白い唐辛子を使ったエマ・ダツィもあるが、これは緑の生唐辛子果実を一度茹でてから干したものである。市場で売られていたものを、ひとつ齧ってみたことがあるが、赤い乾燥唐辛子とはちょっと趣が異なり、辛味はマイルドで若干酸味もあった。この白唐辛子のような一手間かけた利用法には、ブータンの円熟したトウガラシ食文化が窺えよう。

生唐辛子のシーズンオフには、インド産の比較的小さい果実の青唐辛子がエマ・ダツィに使われることもあるが、これまたブータン人の友人にいわせると、インド産のものは辛すぎて美味しくないという。エマ・ダツィや野菜入りのダツィは、ブータンでは最もポピュラーなおかずであり、かつては三食ともご飯とエマ・ダツィということも珍しくなかったらしい。それだけに、使う唐辛子も辛ければよいというわけではなく、その味に対してこだわりがあるようだ。

私は、エマ・ダツィはブータンの食文化をよく表している料理だと思っている。

ブータンの文化は、チベット的な文化と、東南アジアから東アジアにかけて広がる照葉樹林文化が融合して形成されているといわれるが、エマ・ダツィは、チベット遊牧民的なチーズ、照葉樹林文化的な赤米がヒマラヤ山脈で出会った結果、生まれた料理であろう。そして、もし、その出会いの仲介役を果たしたのが、はるか彼方にあるアメリカ大陸から流れてきて、この地で野菜兼香辛料となった唐辛子であったとするならば、その食文化を書き換えるほどの力に、我々は驚かざるをえないであろう。

肉の唐辛子煮込み——パクシャ・パー

エマ・ダツィと並ぶブータンの唐辛子料理が「パー」である。

パーは唐辛子と肉の煮込み料理で、豚肉を使えば「パクシャ・パー」、豚の干し肉を使えば「シッカム・パー」、牛の干し肉を使えば「シャッカム・パー」（口絵vi頁）、ヤクの肉を使えば「ヤクシャ・パー」となる。

かつてブータンの民家では、屋根裏部屋に豚の枝肉をつり下げておいたそうだが、シッカム・パーを作る際には、その肉の乾燥したところから削ぎ取って使ったのだそうだ。今でもブータンに行くと、牛肉を長い短冊状に切ったものを屋外で干している民家を見かけることがある。

また、ブータンでは豚肉は脂身がよいとされているようで、来客をもてなすような時には赤身部分が少ない肉を使い、場合によっては、ほとんど脂身ということもある。

パーに使われる唐辛子を見ると、生の青唐辛子の場合もあるが、大きめの赤い乾燥唐辛子であることが多い。そこに輪切りの大根や、干した蕪の葉などが入るとさらに美味しさが増す。私はパーに入っている、干し肉と乾燥唐辛子の旨味をしっかり吸って煮上がった大根が大好きだ。その辛さも相まってご飯がどんどん進んでしまう。干した蕪の葉にしても、生の葉にはない独特のひなびた旨味と香りがあって、これまた旨い。もちろん、一緒に煮込んだ乾燥唐辛子も単に香辛料としてではなく野菜として入れられているので、残さずに食べてしまう。辛さも、辛いことには辛いが、マイルドな感じで、エマ・ダツィよりもブータン料理初心者には食べやすく、おすすめできる一品である。

ご飯のお供――エゼ

ブータンの人気唐辛子料理三品のうち、残るひとつがエゼ（正しく発音すれば「イェゼ」）である。「エゼ」（口絵vi頁）は、刻んだ生の青唐辛子、ニラのようなネギ属植物の葉、コリアンダーの葉、ブータンの山椒（ティンゲイ）、粉唐辛子、そして前述のチーズ「ダツィ」を和えた料理だ。サラダというよりは日本でいうところの浅漬け的な感じで、唐辛子と山椒の刺激もあって、ご飯のお供として非常に優れた存在である。

ブータンの山椒は、ネパールと同様、中国の山椒である「花椒」と同じ、もしくはその仲間であり、日本の山椒とはだいぶ香りが異なるが、口が痺れるような感覚は同じである。

私はこの山椒の存在こそが、ネパールやブータンで唐辛子が多用されるようになった理由だと考えている。唐辛子伝来以前から、ヒマラヤ近辺の地域では山椒がよく使われていたのだろう。つまり、人々はみな、刺激的な味に慣れており、唐辛子を受け入れられるだけの食文化的な下地があったの

シャ・エマ（左）とヤンツェ・エマ（ウルカ・バンガラ）

だ。そして、実際に唐辛子が伝わってくると、それを自分たちの食生活に容易に取り入れていった——実際にエゼのような料理に出会うと、そう思えてくるのである。

人気品種シャ・エマ

ブータンの料理に使われるトウガラシ品種には、どのようなものがあるのだろうか。[4]

ブータンでも、主に南部に多く住むローツァンパと呼ばれるネパール系の人たちは、〝唐辛子の王様〟ダレ・クルサニ（＝ジャンマラ・クルサニ、ラ̇ンゲ・クルサニ）や、〝小さくても強い人〟ジレ・クルサニを栽培利用しているが、これらはネパールから持ち込まれたものが定着していると考えられ、いわば例外的な存在だといえよう。実際、これら以外のトウガラシはすべてアニューム種に属するもので、ブータン在来品種もいくつか存在する。

その中で、最も人気がある品種が「シャ・エマ」である。「シャ」とはブータン西部のワンデュ・ポダン県（ゾンカック）カジ地区（ゲオク）にある地域の名で、六〜一〇センチ程度の、円錐型で先端が丸みを帯びた果実がなる。比較的マイルドな辛味で、その美味しさに定評のある品種だ。

ティンプー県ベガナ・カワン地区原産の「ベガップ・エマ」や、パロ県ダワカ・ドガ地区原産の「ドガップ・エマ」という品種も一般的だ。どちらの果実も細長い形をしているが、ベガップ・エマはおおむね一〇センチ以下、ドガップ・エマは一〇センチ以上で、後者のほうが辛い品種なのだそうだ。

さらに、東ブータンのタシ・ヤンツェ県には「ウルカ・バンガラ」と呼ばれるトウガラシがある。産地名から「ヤンツェ・エマ」とも呼ばれるこの品種は、日本のししとうを少し太らせたような形をしており、〝スペインのししとう〟パドロンにも少し似ている。このヤンツェ・エマの一番の特徴は、他品種と違って辛味が非常に弱いことだ。

東ブータンの人たちは、ヤンツェ・エマでエマ・ダツィを作るそうだが、辛い唐辛子が好みのブータン人にとっては、物足りないのではないかと思える。だが、これはこれで人気があるらしい。ご当地タシ・ヤンツェ県の市場では、普通のトウガラシより少し高い程度の価格でしか売れないのだが、首都ティンプーまで持って行くと、現地の三倍以上の値段に跳ね上がるそうで、どうやら地域ブランドとして確立されているようだ。

ブータンには、他にも、いろいろな在来品種が様々な地域で栽培されている。だが、ブータンの唐辛子栽培には、ひとつ、問題があるように思える。

というのも、調査で農家を回ったところ、その多くが複数の品種を同じ畑で栽培し、種子採りもしていたのだ。そうすると、畑内で品種間の自然交雑が進むことになる。そのためか、実際、ブータンの市場で売られている唐辛子を見ると、そろいが悪いものが多い。熱心な農家の中には改良品種を導入して栽培を始めている人もいるが、それも同じ畑で栽培しているのが普通だ。

このままでは、正統なシャ・エマや、純粋なウルカ・バンガラが絶滅する日も近いかもしれない。

3　インド

西ベンガル州で食べたカレー

ネパールやブータンの南方には大国インドが控えるが、ブータン王国での調査の際、ほんの少しだけ立ち寄ったことがある。

というのも、ブータン南西部にあるサムツェ県を訪問することになったのだが、同県に入るには、自動車道が整備されていないために、いったん隣のチュッカ県のプンツォリンという町から国境を越えてインドの西ベンガル州に出て、そこから再入国しなければならなかったからだ。

こうしてインド領内に入ることになったのだが、西ベンガル州を通過中、ジャルパイグリ地区マダリハットあたりにある小屋のような食堂で、ここぞとばかり、あこがれのインドカレーを食べることができた。

この店には、揚げ魚、鶏肉、羊肉の三種類のカレーがあり、これに千切りのジャガイモをパリパリに揚げたものと山盛りのご飯がのったプレート、カップに入ったキュウリカレーとダルスープ（豆のスープ）がついたセットになっている。私は迷いに迷って、鶏肉のカレーを頼むことにした。

周知のとおり、インドではカレーを手で食べるが、もし、強烈な辛さのものであれば、当然、指先がヒリヒリしてくる。そんなわけで、出てきたカレーを、恐る恐るご飯とポテトと指先でよく混ぜて口に運んでみたが、指がヒリヒリすることはなく、味もそれほど辛くはなかった。

ブータンに再入国する直前、国境の町ジャイゴンでも本場のインドカレーを食べる機会に恵まれた。ただし、この時は我々を案内してくれたブータン人がベジタリアンだったので、彼に合わせて注文してみることにした。

出てきたものをみると、ミントとコリアンダーのペースト状のチャットニー、ジャガイモのカレー

①

②

西ベンガル州で食べたカレー
①ジャルパイグリ地区の鶏肉カレーとキュウリカレー
②ジャイゴンのラジャスタン風カレーセット（上）と、自由にとれる唐辛子や漬け物

炒め、インゲンとトマトとジャガイモなどの野菜カレー、ジャガイモのカレー、ひよこ豆のカレー、ダヒ（ヨーグルト）、ダヒ入りの酸っぱいダルスープ、ダルスープと八種類もの料理がワンプレートにのっており、これにチャパティーとご飯が食べ放題でついていた。早速、食べてみると、日本でのインド料理店で出てくる「カレー」より酸味があり、辛味は一回目の鶏肉のカレーと同様、思ったよりマイルドであった。

インドの「北甘南辛」説

このように二回ほどインドカレーを現地で食べてみたわけだが、ともに辛さがマイルドだったからといって、西ベンガル州のカレーが一概にそうなのだとはいえまい。

というのも、ひとつは、ベジタリアンのカレーを食べた二軒目の店の名前が「ラジャスタン」だったということである。つまり、そこは西ベンガル料理ではなく、インド北西部のラジャスタン料理のお店だったかもしれないのだ。たしかに、ワンプレートの一品だったミントのチャットニーはラジャスタン州の北にあるパンジャブ州の料理として知られているようである。

もうひとつは、インドは多様な民族が混住する国なので、食文化にしても単純な分布を見せていないということだ。

よく、インド料理においては、南インドのほうが北インドより辛いといわれているが、南と北の境界をきれいに引けるものではないだろう。旅行作家の蔵前仁一氏も、自分の体験やインド通の人々からの情報を総合して、南インドのカレーが一概に辛いわけではないと判断しているとのことで、どうやら人口に膾炙(かいしゃ)しているインドの「北甘南辛」説は誤りのようだ。

インドにはカレー粉もカレーもない

さて、ここまでインドの食文化を説明するのに「カレー」などという言葉を使ってはきたが、「カレー」という料理や、「カレー粉」というミックススパイスはインドには存在しない。

名著『カレーライスと日本人』[6]の著者で食文化研究者の森枝卓士先生にお聞きしたところ、いわゆる「カレー粉」とは、イギリスの食品会社クロス・アンド・ブラックウェル（C&B）社が商品化したインド風のミックススパイスにより、一九世紀中頃に認知されるようになったものであって、そもそもインドにはカレー粉なる商品はなかったのだ。

「カレー」という名の料理もインドにはない。外国人向けのレストランなどでは、チキン・カレーとかマトン・カレーなどとメニューに表示されている場合もあるが、いくらスパイスたっぷりの、いわゆる我々日本人の思う「カレー味」の料理であっても、インドでは「カレー」としてすべてをひとくくりにしているわけではなく、それぞれの料理名で呼ばれ、認識されているのだ。

マサラ

だが、インドには「カレー粉」はないが、「マサラ」と呼ばれるものがある。これは、様々な料理に合わせて調合された混合スパイスであり、例えば、日本でもよく知られている「ガラム・マサラ」は、シナモン、クローブ、ナツメグを中心に、カルダモン、コショウ、クミン、ベイリーフ等を調合した、料理の仕上げに入れる香り付けのためのマサラである。

本来、マサラとは各家庭で作るものであり、様々なスパイスのホール（種子や実などを元の形のまま乾燥させたもの）を料理前に石臼で磨り潰して調合するのだが、その割合は家庭によって異なり、その家庭独自の味になっているのだという。ただし、最近では、都市部などを中心に、できあいのマサラを使う家庭も多くなってきているのだそうだ。インドのスーパーマーケットに入ったことはないが、ネパールのスーパーマーケットには肉料理用、豆料理用、魚料理用と、用途に合わせた、できあいのマサラが売られている。さらに最近では「カレーパウダー」もマサラ売り場に並ぶようになってきており、インドや周辺国の家庭料理事情も変わってきているようだ。

さて、そのインド的なミックススパイスの「マサラ」の中で、唐辛子はどのような立ち位置を占めているのだろうか。

ネパールで販売されているマサラ

一口にスパイスといっても、料理に香りを付与するもの、辛味を与えるもの、色をつけるものといろいろある。トウガラシは香りという点でも大切だろうが、やはり、それよりも辛味付けの役割が大きいだろう。

トウガラシの他に辛味付けのスパイスとしては黒コショウ、ショウガなどが挙げられるが、その強さでいえばトウガラシが断トツである。数値的にこれを比較してみると、トウガラシの辛味成分であるカプサイシンのスコビル値は一六〇〇万、ショウガの辛味成分であるジンゲロールとショウガオールのスコビル値はそれぞれ八万と一五万、コショウの辛味成分であるピペリンのスコビル値は一〇万であり[7]、その差は明らかである。結局、数多くのスパイスを調合したマサラを使ったインド料理であっても、その辛さは、ほぼトウガラシの量で決まるのだ。

南アジアから東南アジアへ

だが、インドでは、トウガラシを含めたミックススパイスを使った料理が主流で、トウガラシの辛さをストレートに味わえる料理は多くはないし、ネパール、バングラデシュ、スリランカでも同じような状況だ。これは、インドが強い影響力を持つ南アジア一帯の食文化の特徴のひとつとなっている。

例えば、中国四川省やブータンでは、トウガラシと山椒（花椒）といった組み合わせがあるものの、多数の香辛料と一緒に混ぜて使うことは主流ではなく、トウガラシの強烈な辛味や風味が感じられるものとなっている。だが、インドとその文化圏では、トウガラシの辛さは料理に必要不可欠な要素ではあるが、その辛味を単独で味わうのではなく多種多様なスパイス類の香り、刺激、風味との無限の組み合わせによる、重層的で相乗的な効果を楽しんでいるのだ。

では、タイやミャンマーなどの東南アジア諸国ではどうだろうか。

例えば、タイには「ゲーン」と呼ばれるタイカレーがある一方、ホーリーバジルと唐辛子だけの組み合わせでストレートな辛味を楽しめる「パッ・バイ・ガパオ」——すなわち、日本でも「ガパオ」

の名でお馴染みの人気料理がある。つまり、インドに見られるミックススパイス的な食文化と、唐辛子を単独で使う食文化とが混在しているのだ。これは、おそらく、インドと中国の中間にあるという東南アジアの位置関係によるものなのだろう。

次章では、この東南アジアのユニークなトウガラシ文化について見ていこう。

第一〇章　辛いアジアと辛くないアジア――東南アジア

1　タイ

タイ人だって辛いものは辛く感じる

学生時代、研究のために訪れたタイ北部の古都チェンマイで、初めて「サイクローク・イサーン」を食べた時のことだ。

「サイクローク・イサーン」とは、タイ東北地方の名物ソーセージで、豚の腸に餅米と豚肉を詰めて発酵させたものである。発酵による独特の酸味と旨味が相まってとても美味しいのだが、屋台でそのソーセージを買うと、大量の小さい生唐辛子がついてきた。初めてのことだったので、「はてさて、この唐辛子はどうしたものか」と思っていると、町を案内してくれていたチェンマイ大学の先生が「こうやって食べるんだよ」と、片手にソーセージ、片手に生唐辛子、交互に囓ってお手本を見せてくれた。だが、生唐辛子を囓るたびに、「ハーッ、シーッ」と息を吸ったり吐いたりして、「ペッ（辛い）！」と言っては顔をしかめている。「辛さに強いタイ人でも、やっぱり辛いものは辛いんだ」と、意外に感じたことを覚えている。

普段から辛いものをよく食べている人と、辛いものが嫌いで食べていない人とでは、辛さの感度が違うものであろうか。この両者に、様々な辛さに調節した食品や溶液を摂取させて調べた研究報告がある。それによると、辛いもの好きの人において弱い辛味を感じ取りにくい傾向が若干見られたものの、統計学的に両者に差はなかったとのことだ。ちなみにトウガラシを普段からよく食べるメキシコ人と、普通の米国人とのあいだでも同様の調査が行われたが、やはり大きな差は見られなかったという[1]。

この調査は、唐辛子が好きで辛さに強いということは、単に辛味に鈍感になってしまっているわけではなく、強い辛味に耐える能力を獲得したことなのだと示しているといえよう。世界有数の辛い物好きのタイ人であっても、辛い唐辛子を食べる時には我々と同様に、ちゃんと辛く感じているのだ。

「ネズミの糞」と呼ばれる唐辛子——プリック・キーヌー

さて、「サイクローク・イサーン」と一緒に食べた小さい生唐辛子こそ、タイ人が愛してやまない「プリック・キーヌー」（口絵iii頁）というフルテッセンス種のトウガラシである。プリックは「トウガラシ」、キーヌーは「ネズミの糞」という意味で、果実の形が細くて小さいことからそう呼ばれるようになったのだろう。三鷹の約三〜四倍の辛味成分含量を持つので、相当辛いトウガラシだ。

海老の酸っぱいスープ「トムヤム・クン」はタイ料理の中でも有名だが、レモングラス（タクライ）、コブミカンの葉（バイ・マックルー）、ナンキョウの根茎（カー）とともに、プリック・キーヌーはトムヤム・クンに欠かせない食材となっている。

また、タイでは、このトウガラシを丸ごと、もしくは刻んで辛味と風味付けに使っているが、その利用範囲は料理だけではなく、調味料にまで及んでいる。例えば「ナムプラー・プリック」は、ナムプラー（魚醬）に刻んだプリック・キーヌーを入れた卓上調味料だ。

〝ネズミの糞〟プリック・キーヌーは、タイの食生活になくてはならないものとなっており、タイ人が国を離れる時は、このトウガラシを一緒に持って行くといわれるぐらい[2]愛されている。少々、大げさに聞こえるかもしれないが、これはけっして嘘でも誇張でもない。実際、成田空港の税関で、生のプリック・キーヌーを鞄の中に入れていたタイ人の女性を見かけたことがある。残念ながら、植物防疫上の問題から日本への持ち込みは許されなかったが、「これがないと困る」と必死に係官に食い下がっている彼女の悲しそうな顔は、今でも忘れられない。

タイ人のプリック・キーヌー好きのすごさを示すエピソードが、もうひとつある。

トウガラシはすべて、中南米に起源があり、コロンブスの時代以降にアジアにもたらされたというのが現在の学説であるが、タイ人にとってプリック・キーヌーがなくてはならないものであり、他のトウガラシに比べても別格に好まれていることから、あるタイ人の植物学者は、プリック・キーヌーの属するフルテッセンス種（キダチトウガラシ）はコロンブス時代以前の大昔からタイに存在したという説を唱えているそうだ。[3]

かくのごとく学説を覆そうとするほど、タイの人たちは、このトウガラシ、プリック・キーヌーのことを愛してやまないのだ。

その他の「プリック」たち

タイの市場では、プリック・キーヌーをはじめ何種類もの生唐辛子が販売されており、唐辛子売り場は常に賑わいを見せている。また市場には、唐辛子専門の乾物店もあって、色も形状も様々な乾燥唐辛子が売られているし、野菜売り場でも常に何品種もの生唐辛子が陳列・販売されている。タイの農家を訪問すると、庭には自家用のトウガラシが必ず植わっているし、トウガラシ畑もかなり広いことが多い。タイは、唐辛子農業が盛んな国であり、品種も非常に豊かである。

プリック・キーヌーと並ぶタイの代表的なトウガラシといえば「プリック・チーファー」である。「チーファー」は「空に向かっている」という意味で、上向きに着果するのが、このアニューム種に属するトウガラシの一番の特徴だ。大きさは一〇センチ程度とプリック・キーヌーよりだいぶ大きい。生のまま利用する他、乾燥させてタイカレーのペーストの原料として使ったりもする。また、鮮やかな赤色なので、花のように切って料

①
②
タイのトウガラシ
①プリック・チーファー
②プリック・ユアック

理の飾りつけに利用されることもある。

プリック・チーファーより少し大きめの「プリック・ヤック」と呼ばれるトウガラシは、辛味が少ないので野菜のように扱われており、豚肉と一緒に炒めたりする。また「ナムソム・プリック」という卓上調味料があるが、これはお酢の中にプリック・ヤックを輪切りにして入れ、辛味と風味を染み出させたものである。

「プリック・ユアック」（または「プリック・ワン」）というトウガラシもまた、プリック・ヤックと同様、野菜のように扱われている。いわゆる甘味トウガラシのひとつで、ピーマンのようなベル形の品種を指すこともある。

「プリック・カリアン」は、〝ネズミの糞〟プリック・キーヌー同様、フルテッセンス種に属す小型の品種で、かなり辛味の強い唐辛子である。果実は、プリック・キーヌーよりやや太めで、未熟のものは色が白く、成熟したものはオレンジがかった赤い色をしている。このプリック・カリアンは、乾燥して使われることもあるようで、市場の乾物店へ行くと乾燥プリック・カリアンでいっぱいになった籠をいくつも見かける。

ちなみに「カリアン」とは、タイ北部・西部や、ミャンマー東部・南部にかけての地域に居住する民族、カレン族のことである。学生時代、山岳地域のカレン族の村まで調査に出かけたことがあるが、プリック・カリアンと思しき唐辛子がざるに盛って干されていたことを覚えている。

当然、タイにはここであげた「プリック」以外にも何種類ものトウガラシ品種があるし、地方在来のものもたくさんある。タイ人は、これら様々なトウガラシを、その特性によって使いわけ、料理の辛味と風味を自在に操っているのだ。

2　カンボジア

三種類しかない生唐辛子

話をタイの隣国カンボジアに移そう。

我々はアジア地域の植物遺伝資源に関する農林水産省のプロジェクトに参加しており、カンボジアの農業試験研究機関と共同でトウガラシ遺伝資源の探索収集を実施している。[4]

このように書くと、タイと同様、カンボジアもトウガラシ栽培が盛んな国だと思われるかもしれない。だが、市場へ行くとわかるのだが、タイと比べるとトウガラシの品揃えが貧弱なのだ。販売量も少なく、地方の小さい市場となるとその数はさらに減る。鮮度が悪い場合も少なくない。

多くの場合、カンボジアの市場で売られている生唐辛子はよくて三種類しかない。すなわち、フルテッセンス種の「マテ・アチサス」と「マテ・ソー」、アニューム種の「マテ・ダイニエン」だけで、時にはマテ・アチサスとマテ・ソーのどちらかしか置いてないこともある。

マテ・アチサスの「アチサス」とは「鳥の糞」という意味で、鳥が種子を運んでくることからこの名がついたという。つまり、鳥が糞を落とすと、そこからマテ・アチサスの芽が出るというわけだ。

マテ・ソーの「ソー」とは「白い」という意味だが、おそらく、未熟果実の色が白いことから、そ

①

②

③

カンボジアのトウガラシ
①マテ・ダイニエン
②マテ・ソー
③マテ・プロック
④輸入品のマテ・マレー
⑤食堂のテーブルに置いてある唐辛子の薬味

④

⑤

う呼ばれているのであろう。また、マテ・ダイニエンの「ダイニエン」とは「薬指」という意味で、そのサイズ、形からの命名だと思われる。だが、同じ「マテ・ダイニエン」という名前で呼ばれていても、市場や農家によって形や大きさが異なっていることが多い。おそらく「マテ・ダイニエン」という名は品種名なのではなく、似たようなトウガラシをひとくくりにした時の呼び名のようだ。

時として、青果品売り場に「マテ・プロック」と呼ばれる大きめのトウガラシが売られていることがある。「プロック」はクメール語で「魚の白子」という意味だが、未熟果実の色が黄白色であることと、円錐形であるがプックリした果実形が魚の白子に似ていることから来ている品種名のようだ。しかし、市場で聞いて回ったところによると、このマテ・プロックはベトナムからの輸入品であることが多く、カンボジア国内での栽培生産は多くないようだ。

同じくベトナム等からの輸入品には、「マテ・マレー」という大きめの長いトウガラシもある。文字通り、「マレー産のトウガラシ」という意味だが、たしかに、マレーシアあたりでよく見るような形の品種である。ちなみにカンボジアでは、ピーマン、パプリカ類は「マテ・ハワイ」と呼ばれている。どういう経緯で「ハワイのトウガラシ」と呼ばれるようになったのかはわからないが、興味深い話ではある。

「甘口」の国

さて、カンボジアの主要民族であるクメール族の料理について見てみると、辛くないものがほとんどだ。メコン川やトンレサップ湖などでとれた川魚と野菜の入ったスープは酸味の利いたサッパリした味付けであり、野菜と肉の炒め物や魚の塩辛入りの卵焼きなどにしても、トウガラシは入っていないか、入っていても少しだけで、辛くない。

ただし、カンボジア全土の料理が辛くないわけではない。東部のクルン族などの少数民族の料理は、ラオスや東北タイの料理と少し似ていて辛味が強く付けられているし、プノン族のスープはトウガラシ果実がそのまま入っている。

だが、総じてカンボジアでは、トウガラシが料理の味付けに大きな役割を果たしていることはなさそうだ。使用しているとしても、辛味を味のアクセントとしてつけ加える程度であり、料理そのものが辛いということは、ほとんどない。カンボジアの食堂には、タイと同様、テーブルに唐辛子の酢漬け瓶が置いてあるし、料理には、小皿に刻んだ生唐辛子が薬味として出てくるが、いずれも各自の好みで加えるもので、必ず入れるものではない。

またカンボジアには、ロック・ラックと呼ばれるサイコロステーキのような牛肉料理や、内臓肉の唐揚げといった料理があるが、黒胡椒の粉をライム汁で溶き、タレのようにしてつけて食べるので、唐辛子の出番はない。

激辛で知られるタイの隣国カンボジアは、意外にも甘口な国なのだ。

トウガラシの「隣国問題」

不思議なことにカンボジアは、激辛料理を誇るタイと国境を接する国でありながら、あまり辛くない料理が好まれている。だが、こういったケースは、何もカンボジアだけに限られたことではない。

例えば、トウガラシの起源地である中米でも同様に見られることで、グアテマラは、そういった国のひとつである。

グアテマラの隣国、メキシコには様々なトウガラシ品種と辛味食文化が存在する。しかし、グアテマラでは料理にあまり唐辛子は使わないそうだ。事実、グアテマラの農業関係者が本学に滞在していた時に作ってくれた郷土料理はあっさりした鶏肉と豆のスープで、まったく唐辛子が入っていなかった。

同じく中米のパナマも、トウガラシの起源地のまっただ中にありながら、辛味食文化がない。青年海外協力隊員としてパナマに派遣されていた本学部卒業生に聞いたところ、パナマ人は辛い料理は食べないようで、日本産のピリ辛のスナック菓子を差し出しても、食べられない人が多いそうだ。

このような、隣接している国であるにもかかわらず、一方が唐辛子とその辛味を受け入れた食文化を持ち、一方が持たないという事態は、なぜ生じるのだろうか。

メキシコ料理のシェフ、渡辺庸生氏に、中米で見られるこういったケースについて尋ねたところ、植民地支配が強かったところは食文化も奪い取られ、料理の辛味が弱くなったのではないかとの示唆をもらった。

では、アジアではどうだろうか。

たしかにカンボジアは、かつて仏領インドシナとしてフランスに植民地支配されていた地域である。さらに、同じく仏領インドシナであったラオスの状況について、現地調査を実施している研究者仲間に状況を聞いてみると、「タム・マークフン」と呼ばれる青パパイヤのサラダは激辛であるが、それ以外のほとんどの料理は穏やかで、カンボジア同様にあとから好みで辛味を加えるスタイルなのだそうだ。

しかし、この植民地支配による食文化の変容という仮説に普遍妥当性があるかというと、必ずしも、そうではないように思える。

例えば次章でとりあげる韓国がその一例であろう。日韓併合の歴史があるにもかかわらず、今でも、チゲやキムチには唐辛子がたっぷり入っている。また、大英帝国領であったインドでも、辛くてスパイシーな料理が食べ続けられている。ちなみに、英領インドに併合されたミャンマーは、イギリスの直接の統治というよりも、インドによる間接的な支配という側面があるので、その期間中にインド料理の影響が大きくなったとも考えられる。

カンボジアにしても、たしかにフランスの植民地支配を受けているが、ポルポト政権下において、自国文化の崩壊という経験もしている。ある意味、植民地支配より食文化的には厳しい時代だったのではなかろうか。

どうやら、このトウガラシの「隣国問題」は、それぞれの地域の事情を深く考察したうえで、考えなければいけない問題のようだ。

第一一章　二つの唐辛子文化大国——東アジア

1　四川料理の味

川菜名菜

トウガラシの食文化をめぐり、中南米から旅を続けてきたが、いよいよ、その最果ての地、東アジアまでやってきた。そして、ここ、中国には、世界に名だたる中華料理という一大食文化があり、その文化圏の中で様々なトウガラシが栽培利用されている。人気の高い「朝天椒（チャオティエンジャオ）」や、細長い「雲南（ユンナン）」、大きくて辛味が弱く、フルーティーな甘味や香りがいい「益都（イードゥー）」、辛味の強い「広西（カンシ）」といった中国産の唐辛子は日本でも流通しているし、逆に日本から渡ったトウガラシも栽培されている。例えば、「天鷹（ティエンイン）」というトウガラシは、日本の三鷹が中国に渡ったもので、「天」津で栽培されている三「鷹」ということで「天鷹」と命名されたものだ。こうしたトウガラシ栽培の多様性が、中華料理という豊かな食文化を支えている一因となっているのは間違いあるまい。

だが、中華料理と一口にいっても、中国の国土は広大であり、そのバリエーションの幅が非常に広い。日本では通常、北京、四川、上海、広東の四大料理が知られているが、中国では山東、江蘇、浙（せっ）

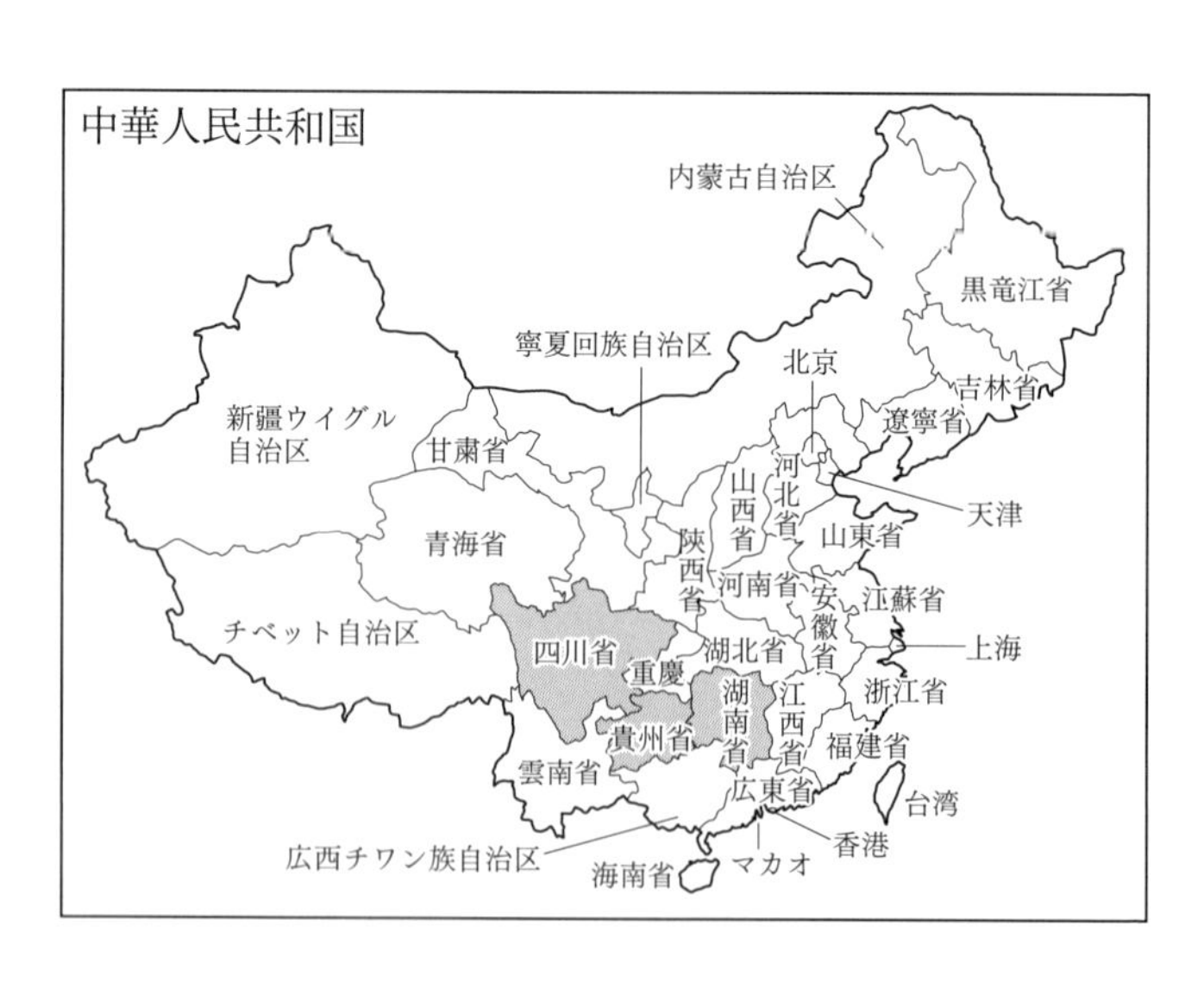

江（こう）、安徽（あんき）、福建、広東、四川、湖南の八つに分類されるのが一般的であり、それぞれが独特の食文化を有している。

その中で辛味に特徴を持つのが四川料理、貴州料理、そして湖南料理である。これらは中国西南部に横に並ぶ三つの省、すなわち、四川省、貴州省、湖南省で発展したものであるが、貴州料理は時として四川料理のバリエーションのひとつとして見なされることもある。

ここでは、日本人にもなじみのある四川料理を中心に見てみよう。

日本では四川料理といえば、麻婆豆腐や回鍋肉（ホイコーロー）、海老チリソースといった料理が知られているが、これは日本人の口に合うように本場の四川料理をアレンジし、テレビ番組などで紹介してきた中国料理の講師、陳建民氏、建一氏親子の功績といえよう。

ちなみに中華圏では「四川」を「川」と略し、その地域の料理＝「菜」なので、四川料理を「川菜（チュアンツァイ）」と示すのが一般的である。

決め手は麻辣味

ピリ辛であることで知られる四川料理だが、その味付けは一様ではない。使用している素材・調味料も多様で、豆瓣醤（トウバンジャン）（蚕豆（そらまめ）と唐辛子の発酵調味料、豆板醤）、辣椒油（ラージャオユ）（ラー油）、乾燥唐辛子、油漬け唐辛子、さらには、唐辛子の漬け物「泡辣椒（パオラージャオ）」などを絶妙に使い分けて、微妙な味の違いを出しているという。

だが、もし、様々ある四川料理のピリ辛の味付けの中で、代表的なものをひとつだけ挙げろと言われれば、その答えは間違いなく「麻辣味（マーラーウエイ）」となるだろう。「麻」というのは山椒の痺れる味、「辣」は唐辛子の辛い味を示している。

ただし山椒といっても、日本で鰻の蒲焼きに振りかける和山椒とは違い、「カホクサンショウ」という中国の植物種を使用したもので、一般に「花椒（ホアジャオ）」と呼ばれている。この花椒の痺れる味と唐辛子の辛さの組み合わせこそが四川料理の味の決め手なのだ。

四川省成都市にある陳麻婆豆腐店は、麻婆豆腐を考案した、元祖麻婆豆腐のお店だが、ここの麻婆豆腐には、挽き立ての花椒がたっぷり振りかけてある。唐辛子の辛さ、そして花椒の香りと痺れが相乗効果をもたらしており、やみつきになるおいしさなのだ。

家常味、怪味、魚香味

四川料理のピリ辛の味について、もう少し深く探ってみよう。

国立民族学博物館の周達生名誉教授は、四川料理の辛い味付けには大きく分けて、「家常味」、「怪味」、そして「魚香味」の三つがあるとしている。[1]

家常味は、豆板醬による味付けである。

豆板醬は日本でもおなじみの調味料だが、蚕豆を発酵させたものに唐辛子を加えて熟成させたもので、最初に四川省で作られたとされている。

怪味は最近、日本でもちょっとした人気になっている。生姜、にんにく、葱、砂糖、花椒、白醬油、塩、胡麻、ごま油、さらには豆板醬などを入れた複雑な味付けで、その重層な味から、「怪」しい「味」と名付けられたそうだ。

魚香味は、甘酸っぱく、かつピリ辛の味付けである。「魚香茄子」という料理は、茄子を魚香味で調理したもので、麻婆茄子の元となった料理だといわれている。本来、麻婆茄子というのは、四川で生まれたものではなく、日本生まれの料理だが、魚香茄子は「魚香」という文字がありながらも、麻婆茄子と同様、魚は一切、使われていない。

では、なぜ、甘酸っぱい、かつピリ辛の味が「魚香」と呼ばれるのであろうか。

周先生の解説では、鮒と唐辛子などを発酵させた「魚辣椒」、または「泡辣椒」と呼ばれる調味料を使った料理だから「魚香」であるという説と、砂糖や酢などを使った魚料理の調理法を、魚以外の食材に応用したものだから「魚香」であるという説の二つがあるとしている。

ちなみに「泡辣椒」は四川料理に重要な調味料だ。現在の「泡辣椒」は、魚を使わずに塩水に唐辛子を丸のまま漬けて酸っぱく発酵させたものである。四川省成都市の市場に行くと、様々な唐辛子を

五塊石総合市場

漬け込んだ泡辣椒が並んでおり、色鮮やかで美しい光景を見ることができる。

2　四川料理の唐辛子

さて、様々な辛味がある四川料理であるが、使われている唐辛子もバラエティに富んでいる。

市場で見た唐辛子たち

二〇一七年、四川農業大学を訪問した際、幸運にも、福岡の四川料理の名店「巴蜀（はしょく）」の荻野亮平シェフに成都（チエンドウ）市北部にある五塊石（ウークアイシー）総合市場を案内していただいたが、乾燥された様々な品種が、四川省内はもとより、貴州省、山西省、河南省、新疆（しんきょう）ウイグル自治区などから集まってきており、いろいろな果実を見ることができた。ちなみに四川の方言では唐辛子のことを「海椒（ハイジャオ）」と呼んでいるが、ここ五塊石総合市場で売られている海椒をいくつか紹介しよう。

朝天椒（口絵ii頁）は「空に向かっている（＝朝天）唐辛子（＝椒）」という意味で、上向きに着果する唐辛子のことである。最近、日本でもこの品種の名前を聞くようになり、中国料理店で、わざわざ「朝天唐辛子を使った一品」などといった売り文句を掲げているのを見かけることもしばしばだ。

しかし、日本で流通している四川産「朝天椒」と呼ばれているものは円錐形で、丸みを帯びた寸詰まりの果実であることがほとんどであるが、成都の唐辛子市場には、そのタイプとは別に、鷹の爪の果実を二倍程度に太らせたような形の品種があり、どちらかというとこの太ったもののほうが「朝天椒」として多く売られているようであった。市場の中の、ある唐辛子商店で教えてもらったところによると、朝天椒には、やはり二種類あって、日本で出回っている、丸みを帯びた果実の品種は「朝天灯籠（ドンロン）椒」、一方、市場でよく見かけた品種は、砲弾のような果実形から「朝天子弾頭（ズーダントウ）椒」と呼ばれているという。

さて、この朝天椒は、中国ではそこそこに辛い品種として知られている。ちなみに周先生は著書の中で、中国の唐辛子を、最も辛い「辛辣（シンラー）類型」、ほどほどに辛い「半辛辣類型」、ピーマンのように辛味のないものを「甜椒（テイエンジャオ）類型」と大きく三つに区分しているが[2]、朝天椒は辛辣類型に属している品種とされている。

香りが魅力の唐辛子

また朝天椒は、香りのよさでも定評がある。荻野シェフはバナナのような甘いフルーティーな香りがすると表現しているし、花のような香りがすると評しているトウガラシ関係者もいる。辛い唐辛子であるのに甘い香りがするのが朝天椒の魅力のひとつのようだ。

朝天椒と同様、小粒で辛味が強いのが「小米辣（シャオミーラー）」（口絵vii頁）だ。だが、「小米辣」とは品種名ではなく、比較的小粒のトウガラシ品種の総称として使われているようだ。実際、「小米辣」と呼ばれるものは市場では二種類が見られ、ひとつはアニューム種に属する五センチほどの細長い乾燥唐辛子、もうひとつは、三センチほどの白っぽい未熟果実の泡菜（酸っぱい発酵物）で、これはフルテッセンス種のようであった。

「蘑菇（ムオグー）」はつやのある果実で、鷹の爪とも少し似ているが、それよりも艶やかで美しい。「蘑菇」とは本来、「きのこ」を意味する言葉だが、荻野シェフによると「すえたキノコ」のような香りがするという。実際、その場で、ひとつ囓ってみたが、辛味はそこそこ強く、たしかにキノコに近いような独特の香りがした。

「灯籠（ドンロン）」（口絵ii頁）は寸詰まりの円錐形の果実をしている。日本で朝天椒として流通している朝天灯籠椒と同様、「灯籠」と名付けられているだけあって、形はほぼ同じであるが、「朝天」がついていないので、きっと着果は下向きなのだろう。辛味は割りと弱めで香りがいい唐辛子であった。

「縦椒（ゾンジャオ）」は長細い品種で、乾燥した果実であれば、表面がしわしわになっている。荻野シェフによると、この唐辛子を加熱するとナッツやジャガイモを揚げた時のような香ばしい香りが湧き上がるのだそうだ。

「二荊条（アルジンティアオ）」は、四川省でも有名な、郫（ピー）県産の豆板醬に使われている品種で、[3]「新一代（シンイーダイ）」は、四川省は重慶市名物の辛い鍋料理「火鍋」の辛味付けに使われることが多い品種だという。実際、二荊条を手にとってみたが、タマリンド（マメ科の植物で、莢の中、豆の周囲にあるパルプに酸味があり、これを調味料に使う）のような甘い香りがした。
「子弾頭」（口絵ⅱ頁）については山椒のような香りがすると荻野シェフは教えてくれたが、さらに様々な四川の唐辛子の香りのよさについても指摘してくれた。ただ辛さだけでなく、唐辛子の香りをいかに料理に活かすかというところに四川料理の奥深さが感じられよう。

「野山椒」の謎

ここまで五塊石総合市場で見かけた唐辛子についてふれてきたが、そのうちフルテッセンス種に属すると考えられるトウガラシは、酢漬けの小米辣だけであった。以前、西安で緑白色の果実を酢漬けにしたものを食したことがあるが、これも小米辣と同様、小さくてかなり辛味の強いフルテッセンス種であった。その時に聞いたところによると、このような小さくて辛味の強いトウガラシは「野山椒」と呼ばれているそうだ。

先述したとおり、アニューム種は温帯から熱帯にかけての広い地域で栽培されているが、フルテッセンス種の栽培は熱帯・亜熱帯に限られている。京都大学の矢澤進名誉教授の調査によると、四川省より南に位置する雲南省の省都・昆明(クンミン)あたりでも、栽培されているのはアニューム種ばかりで、雲南省の南端、西双版納(シーサンパンナ)になると、ようやくフルテッセンス種も見られるようになるという[4]。

私が五塊石総合市場でみかけた「小米辣」にしろ、西安で食べた緑白色の果実のものも、やはり、生産地は中国南部なのであろうか。

周先生の著書[5]には、『中国栽培植物発展史』からの引用として、雲南省の西双版納あたりでは「涮(シャン)

辣椒（ラージャオ）」と呼ばれる一年生のトウガラシが、また「小米辣」と呼ばれる多年生のトウガラシが原生しており、これらは野生種であると記されている。これは、西安で見かけたフルテッセンス種が「野山椒」と呼ばれているという事実にも通じる。「野山椒」を文字通り読めば、野生のトウガラシという意であるからだ。

しかし、トウガラシは中南米原産とされているので、中国での野生種の原生は、まず、ありえない。これについて、周先生は、栽培種が野生化したものと考えたほうがよいとしながらも、南アメリカとアジアには共通の野生植物種が存在するケースもあることから、これらのフルテッセンス種が野生種である可能性も完全には捨てきれないとしている。

3　四川料理の刺激的アラカルト

定番三品——水煮牛肉、夫妻肺片、口水鶏

話を四川料理に戻そう。

日本でも麻婆豆腐、回鍋肉などが人気の四川料理であるが、それ以外にも、様々な「川味名菜」がある。

例えば「水煮牛肉（シュイジュウニュウロウ）」はその代表のひとつだ。

「水煮」とあるが、単に肉を茹でたものではなく、唐辛子や花椒入りの激辛スープで牛肉や野菜を煮

込んだ料理である。成都で買った料理本[6]によると、これは四川省の中でも昔から製塩業が盛んな自貢(ズーゴン)市の料理で、北宋時代、製塩業で労役していた牛が死んだら、その肉を塩味だけで煮て食べていたのがこの料理の原形のようで、そこに花椒が入り、のちに唐辛子も入って、今の刺激的な水煮牛肉に進化していったそうだ。

「夫妻肺片(フーチイフェイピアン)」(口絵vii頁)も四川料理の定番のひとつである。ハチノスやハツなどの内臓肉やスネ肉を調理したものをスライスして、辣油たっぷりのソースで食べるスパイシーな冷菜料理だ。

「夫妻肺片」とは、ずいぶん変わった名前の料理だが、荻野シェフによると、この料理が生まれたのは清朝末期の成都で、ある夫婦が営む店の名物料理だったという。夫婦で、内臓肉など棄てるような食材を料理していることから「夫妻廃片」と命名し、「粗材細料」(大したことない食材を美味しくする)をアピールして繁盛したのだそうだが、その後、食べ物に「廃」の字はそぐわないということで、肺肉は入っていないけれど、「廃」と同音の「肺」にしたのだそうだ。日本の内臓肉料理を「ホルモン」と呼ぶのは、捨てるもの=放るもの=ホルモンだからだという説があるが、それと少し似ていておもしろい。

「口水鶏(コウシュイヂー)」(口絵vii頁)、日本語で「よだれどり」と呼ばれる冷菜料理も有名だ。四川省出身の政治家にして文学者、詩人、歴史家でもある郭沫若(かくまつじゃく)が著書の中で、子供の頃食べた故郷の鶏料理のことを思い出しただけでよだれが出る、といったことを書いたことから、この名で呼ばれるようになったという。成都市郊外の農村地帯を訪問した時にごちそうになった口水鶏は、緑色の青花椒をふんだんに使った特別痺れるものであり、さらに生唐辛子も大量にのっていた。まさに、強烈な刺激のダブルパンチを持った一品で、今でも思い出すとよだれが出る。

究極の唐辛子料理「辣子鶏」

四川料理を語るうえで外せないのが重慶市の料理だ。刺激的な料理がいろいろとあることで知られているが、唐辛子で真っ赤に染まったスープで様々な具材を煮て食べる「火鍋」は重慶市が発祥とされており、四川省全域にわたって人気の料理だ。

重慶市の料理として、もうひとつ有名なのが「辣子鶏（ラーズーヂー）」（口絵vii頁）である。十数年前に仕事で北京を訪れた際、「重慶」の名を冠した有名ホテルで食事をする機会があったが、そこで「究極の唐辛子料理」と紹介されていたのがこの料理だった。

辣子鶏の見た目は異様である。唐辛子が皿に山盛りになっているだけなのだ。だが、その山を崩していくと、中から鶏肉が出てくる。辣子鶏は、直訳すれば「唐辛子鶏」で、つまりは大量の唐辛子と揚げた鶏肉を一緒に炒めたものなのだ。もちろん花椒もたっぷり入っており、唐辛子の辛味と花椒の風味が移った鶏肉は、激辛だがあとを引く美味しさだ。

敏感な舌と奥深い味づくり

唐辛子の「辣」（＝辛味）と花椒の「麻」（＝痺れる感覚）による二つの刺激——辛くても、痺れても、やめられないのが四川料理だ。ブータン王国もまた、山椒と唐辛子を多用する食文化で知られているが、四川省のほうが、そのこだわりが徹底しているように思える。

ブータン王国で唐辛子が盛んに使われるようになったのは、もともと山椒を愛用する食文化が、唐辛子の伝来以前からあったからではないかと推察したが、四川省をはじめとする中国西南部で唐辛子が多用されているのも、同じ理由からではないかと考えられる。

では、なぜ唐辛子は山椒に取って代わらなかったのだろうか。四川省の人々は、唐辛子が伝来普及しても、刺激はどちらかひとつで十分だと判断せず、山椒が廃れることはなかった。それは、なぜなのだろうか。

実際に四川省で様々な料理を食べて感じたのは、タイプの違う二種類の刺激の相性のよさである。唐辛子の重くストレートな辛さと、山椒のジワーっと口中に広がっていく痺れが共存することで、料理が美味しく感じるのである。トウガラシが伝来してきた時、おそらく四川省の人たちは、この二つの刺激の相乗効果という味の快楽を知ってしまったのだろう。さらに、そこに豆板醤や泡菜などの発酵食品を加えることで、味に柔らかさと奥行きを与えることができた。唐辛子が普及したあとも、四川の人々が山椒を手放さなかったのは、こういった理由があったからではないだろうか。

辛味に特徴のある四川料理ではあるが、すべての料理が辛く味付けされているわけではない。四川料理には二三種類もの味付けがあるといわれており、中国国内では、料理が辛いということよりも、むしろ、調味の多様さ、巧みさで有名なのだそうだ[7]。そのような味づくりの名手であったからこそ、四川の人々は、唐辛子と山椒の相性のよさを舌で感じ取り、辛味料理の達人となったのではなかろうか。

4　朝鮮半島

朝鮮半島のトウガラシを日本で栽培すると、どうなるか

トウガラシをめぐる旅も中国四川省にたどり着き、いよいよ日本も目と鼻の先に迫ってきた。だが、その前に、どうしても立ち寄らねばならない唐辛子の一大文化圏がある。言うまでもない、朝鮮半島である。今やキムチは、日本でも五指に入るほど普及している唐辛子料理だが、そのキムチが朝鮮半島生まれであると知らない日本人などいないだろう。

だが、朝鮮半島の唐辛子文化は、日本人にとって、どこかしら「近くて、遠いもの」があるかもしれない。地理的に近くにありながらも、日本の唐辛子文化と重なるところがあまりないように思えるのだ。

朝鮮半島の唐辛子食文化に関して、よく質問されることが三つある。

ひとつは、「朝鮮半島のトウガラシを日本で栽培すると、辛くなりすぎて美味しくなくなるというのは本当か」というものである。これは、あるグルメ漫画に、そう書かれてあったことから、聞かれることが多いようだ。

これまで見てきたとおり、トウガラシの辛さ、すなわち果実中のカプサイシン含量は、栽培時の環境に大きく左右される。肥料の種類やその量によっても変化するし、開花時のストレスによって変わるということもある。したがって、同じ品種であっても、日本と韓国といった異なる環境で栽培した

場合、辛味の強さが違っていても不思議はない。

しかし、韓国よりも日本で栽培したほうが必ず辛くなるかということは、何とも言えない。辛味と環境との関係は複雑であって、一筋縄ではいかないからだ。辛味は、甘味や酸味の有無、その質や量にも影響されるし、そういった味の要素もまた、栽培環境で大きく変動する。

ただ、ひとつだけ確実なことがある。日本の唐辛子であろうと、朝鮮半島の唐辛子であろうと、土壌や気候が異なる地域で栽培された場合、本来の味でなくなってしまうということだ。在来の品種は、その土地の環境に合うよう長い時間をかけて選抜されてきている。その地域で栽培されることで、そこに住む人々が最も美味しいと思う品質で収穫できるのである。

韓国と日本の「トウガラシ隣国問題」

二つ目の質問は「隣国でありながら、朝鮮半島の料理は、なぜ、唐辛子の使用量が日本より格段に多いのか」というものである。

唐辛子を多用する食文化を持つ地域・国と、あまり辛いものを食べない地域・国が隣接しているという謎は、タイとカンボジアのあいだでも見られたものだが、なかなか、やっかいな問題である。

どのケースにもあてはまるような普遍的な説明はできないが、韓国と日本の事例については、その理由のひとつとして、肉食主体なのか、魚食主体なのかという、食文化の違いによるものとする説がある。つまり、韓国は肉食文化が発達し、肉と相性のよい唐辛子が多用されるようになり、一方、日本は魚食文化が発達し、魚と相性のよい山葵（わさび）が使われるようになったという説明だ。

しかし、肉食文化が進んだ地域が、必ずしも辛い料理を好んでいるかといえばそうでもないので、この説も決定的なものとはいえまい。ちなみに、かつて山葵は生産量が少なく高級品であったので、日本で一般庶民がそうそう食べられはしなかったはずだ。

この難問については、まだまだ考える必要があるようだ。

唐辛子伝来以前のキムチは何色か

さて、最後の質問は、「朝鮮半島に唐辛子がもたらされる前のキムチはどんなものだったのか」というものである。

前述したとおり、李睟光の一六一四年の著書『芝峯類説』に、朝鮮半島における唐辛子に関する最初の記述があることから、伝来したのは一六世紀末だと考えられているが、キムチに唐辛子が使われたという記録が現れるのは一七六六年頃の『増補山林経済（ぞうほさんりんけいざい）』、一八一五年頃の『閨閤叢書（キュハプチョンソ）』が最初である。したがって、唐辛子を使ったキムチが食べられるようになったのは、一八世紀頃と推測されるが、伝来からかなりの時間が経過してからだということになる。

唐辛子が使われる以前のキムチについて、国立民族学博物館名誉教授の朝倉敏夫先生は、七世紀から一〇世紀頃、すなわち統一新羅時代には、山椒、生姜、橘皮（きっぴ）などの香辛料が料理に利用され始めているので、こういった香辛料がキムチの原型となる漬け物に使われていたのではないかとしている。[8]

さらに、キムチには必要不可欠なニンニクが使われるようになったのは一八世紀になってからだという。

ところが、二〇〇九年二月、このような朝倉先生のキムチ説、いやトウガラシの歴史そのものを覆すような学説が韓国に現れた。なんと、朝鮮半島にはコロンブスの大陸発見以前から唐辛子があったとする研究結果が発表されたのだ。

韓国の新聞「中央日報」の記事によると、韓国食品研究院と韓国学中央研究院の研究チームが、一四三三年刊行の『郷薬集成方（きょうやくしゅうせいほう）』と一四六〇年に書かれた『食療纂要（しょくりょうさんよう）』という文献に、韓国の唐辛子味噌＝コチュジャンを意味する「チョジャン」（椒醬）という単語が出ていることから、その頃には、すでに唐辛子が朝鮮半島にあったと主張しているというのだ。

もし、これが正しければ、キムチはかなり昔から赤かったことになる。しかし、私は、おそらく「椒醬」の「椒」は、唐辛子ではなく山椒のことだと思うが、どうだろうか。

キムチ用の唐辛子

ところで、キムチに使われている唐辛子と日本の鷹の爪では、どちらが辛いかご存じだろうか。

三鷹のカプサイシノイド含量は一グラム当たり二〇〇〇〜二五〇〇マイクログラム程度、鷹の爪では二五〇〇〜三〇〇〇マイクログラム程度の含量を持っているが、一方、キムチ用の韓国系トウガラシは、品種によって違いはあるものの、日本で手に入るものはおおむね乾物一グラム当たり一〇〇〇マイクログラムかそれ以下であることが多い。つまり、三鷹、鷹の爪の二分の一から三分の一程度の辛さなのだ。

辛さという点から見れば、どうやら日本の唐辛子は、キムチには向いていそうにない。ある業者さんから「自家栽培した鷹の爪でキムチを漬けてみた」という話を聞いたことがあるが、「辛すぎて、とても食べられたものではなかった」と言う。

結論とするには身も蓋もないかもしれないが、キムチを作るには、やはりキムチ用のトウガラシを使うに限る。味の問題だけではなく、色にしてもそうだ。キムチ用の唐辛子は、三鷹や鷹の爪などと比べて鮮やかで美しい赤色をしている。漬かり上がったキムチの色も、当然、大きく違ってくるだろう。

朝鮮半島にキムチが生まれ、日本に生まれなかったのは、こうした両国間におけるトウガラシ品種の根本的な違いが理由としてあるのかもしれない。

韓国のトウガラシ産地

キムチ作りをはじめ、唐辛子を多用する朝鮮半島の食文化であるが、その産地について見ていこう。

二〇一五年、国立民族学博物館で「韓日食博」という特別展示が開催されたが、その際にまとめられた『韓国食文化読本』[9]に、現在の韓国において唐辛子の産地として知られる地域が記されているので見てみよう。

韓国には、八つの「道（ド）」（行政区画のひとつで、北海道の「道」とほぼ同じ意味）があるが、まずは韓国中央部で山地の多い忠清北道（チュンチョンブクド）にある槐山（クエサン）と陰城（ウムソン）。次に忠清北道の西に位置し、黄海に面する忠清南道（チュンチョンナムド）の青陽（チョンヤン）。さらに忠清北道の東にあり日本海と面した慶尚北道（キョンサンプクド）の英陽（ヨンヤン）。そして忠清南道の南に

位置する全羅北道（チョルラプクド）の高敞（コチャン）と任実（イムシル）などが唐辛子の産地として挙げられている。

　これらの産地の中でも、特に慶尚北道は在来品種が多いらしく、私の研究室の韓国人研究員（当時）、朴（パク）永俊（ヨンジュン）氏にリストアップしてもらったところ、英陽の「チルソンチョ」と「シュビチョ」、清道（チョンド）の「プンガクチョ」、義城（ウイソン）の「カルミチョ」などを挙げてくれた。また、韓国北東部に位置する江原道平昌（カンウォンドピョンチャン）郡の大和面（テファミョン）（「面」は日本で村に相当する区分を指す）には「デファチョ」という在来品種があるとのことだ。

　また、先に挙げた忠清南道の青陽で栽培されている「チョンヤンコチュ」（青陽コチュ）という品種は、韓国のトウガラシの中でも飛び抜けて辛いという。さすがの辛いもの好きの韓国人も、この品種には距離を置いているらしく、細かく刻んで味噌と混ぜるなど、単なる辛味付けに利用する程度に留まっているとのことだ。

韓国料理の奥深さ

朝鮮半島の唐辛子は、チョンヤンコチュ（青陽コチュ）など例外的に激辛なものはあるものの、総じてマイルドな辛さのようだ。キムチに使われるトウガラシも辛味はそんなに強くないし、生の青唐辛子に味噌をつけて、「もろきゅう」のように食べることもある。

そもそも韓国料理はただ辛いだけの料理ではない。韓国料理の調味料として有名なコチュジャンは、もち米麹などに唐辛子の粉末を加え発酵させたものだが、唐辛子と発酵食品を組み合わせるという食文化が韓国にもある。キムチにしても発酵食品であるし、唐辛子とテンジャン（大豆を発酵させて作った味噌）を合わせることで、唐辛子の刺激を十二分に活かしながらも、料理の味に奥行きと重厚感を与えているのだ。

韓国の唐辛子の使い方について、印象的な話を聞いたことがある。

女子栄養大学の守屋亜記子先生は韓国の食文化の研究者として知られているが、先生によると、韓国では、唐辛子は単なる辛味付け用の食材ではなく、そこから出汁をとるのにも使われているという。これは、メキシコ料理の特徴として渡辺シェフが言っていたのと同じ台詞である。

中国の四川や朝鮮半島は、ともに唐辛子文化の一大帝国であり、唐辛子を料理に利用しても、単に辛いだけではなく、味に奥行きを与える手腕にたけている。これは、メキシコにも当てはまる事実であるが、こういった国々がここまで唐辛子文化を発展させたのは、実はその地で栽培されている唐辛子自体が美味しいからということが、大きな理由としてあるのかもしれない。

トウガラシがその地の人々に、自らを「辛さ」という単なる刺激ではない「味」として楽しめる作物であると示し、それを舌で感じ取った人々が、その味を活かそうと工夫を重ねる――そうした唐辛子と人との関係が、朝鮮半島におけるトウガラシの食文化の土台にはあるようだ。

第一二章　実は豊かな日本の唐辛子文化

1　現代日本のトウガラシ品種をめぐる状況

現存の在来品種は四〇品種

世界をめぐったトウガラシの旅もようやく東の果て、日本にたどり着いた。

すでにふれたように、江戸時代、日本ではかなり多くのトウガラシが栽培されていた。平賀源内の『蕃椒譜』には六一品種が掲載されており、中には「梅花」や「九曜」などといった現代では見られなくなったような珍しい品種も見られる。前者は扁平な果実が梅の花びらのように五つに分かれているもので、後者は丸い小さい果実が房なりになるタイプのトウガラシだ。また、『享保・元文諸国産物帳』にも日本全国の産物として様々なトウガラシが記載され、似たような品種名をまとめると、約八〇品種は確認できる（二二三頁参照）。

では、現代の日本には、いったいどれくらいの品種があるのだろうか。はたして江戸時代ほど多種多様なトウガラシが、今も栽培利用されているのだろうか。

現在、日本で栽培されているトウガラシの中で在来品種とされているものを、ざっと数えてみると、四〇品種が確認できる。これらは、北は北海道の「札幌」から南は沖縄の「島とうがらし」まで全国各地に分布し、辛いものから辛くない野菜用のものまで、味も様々である。ただし、これらすべてについて、本当に昔からの在来品種かどうか科学的に確認しているわけではないし、逆に、私の知りえない在来品種が存在していることも考えられるので、この数はあくまでも概数である。

とはいうものの、江戸時代ほどではないにしろ、かなりの数の品種が、現在も各地で息づいていることは間違いない。

高まりつつある品種名の認知度

だが、今の日本で、「あなたが知っているトウガラシの品種を挙げてください」と人に尋ねてみたところで、どれだけの品種名が返ってくるであろうか。イネやリンゴ、ジャガイモであればいくつか答えられても、トウガラシに関しては、せいぜい鷹の爪やししとうなど、一、二品種くらいしか思いつかない人が大半だろう。多様性豊かな日本のトウガラシではあるが、その認知度はけっして高くはない。少なくとも今世紀に入る前くらいまでは、多くの日本人がトウガラシに品種があることさえ気にもとめなかった。

だが、トウガラシをめぐる人々の意識は、少しずつではあるが変わってきている。「少なくとも今世紀に入る前くらいまでは」と書いたのは、実は、ちょうどその頃から、トウガラシの品種が人々の話題にのぼるようになってきたからだ。

「激辛」という言葉が新語・流行語大賞の新語部門銀賞に選ばれたのが一九八六年のことだが、それ以来、唐辛子への注目度は年々増してきた。そして、二一世紀に入ってからは、その原材料たる品種も注目されるようになってきている。例えば、ハバネロといった外来の激辛品種は、二〇〇三年にその名をそのまま商品名に冠したスナック菓子が発売されたのを機に知られるようになった。

日本各地で在来作物や伝統野菜が見直され始め、各県等で認定制度ができ始めたことも、トウガラシの品種が少しずつ知られ始めた要因のひとつであろう。これもまた今世紀に入ってからのことだが、二〇〇二年に岐阜県、二〇〇五年に大阪府、二〇〇七年に長野県と認定制度を導入する自治体が増えている。この制度の後押しのおかげで、それまで細々と自家用に栽培されていたような在来品種が市場に流通するようになり、店頭で品種名が示されるようになってきているのである。

2　代表的品種　鷹の爪と三鷹

鷹の爪は「鷹の爪」にあらず

日本のトウガラシの代表的な品種といえば、鷹の爪としとうである。だが、鷹の爪という名称は、むしろ品種名というよりも、辛い乾燥唐辛子の代名詞として使われてきた感が強い。そのわかりやすい一例が、料理のレシピだ。材料に「鷹の爪」と書かれていたら、それは鷹の爪という品種を指定しているわけではなく、乾燥唐辛子一般のことを指している。この事実から察するに、大半の日本人は、鷹の爪という品種があることを知らないのではないかと思われる。

ただ、なぜそんなことになったのかといえば、おそらく、それだけ鷹の爪が、日本の辛味唐辛子の中でも群を抜いているからであろう。実際、平賀源内の『蕃椒譜』の中にも、鷹の爪は、味、香り、辛さにおいて、食するには、これを第一とすべしと記されているほどで、当時から優れた品種として認識されている。

だが、ひとつの品種としてみると、鷹の爪には、いろいろと謎が多い。

現在、大手の種苗会社から発売されている「鷹の爪とうがらし」の種子を買って育ててみると、五〜六センチ程度の細長い果実が上向きで房なりに着果するが、実は、この姿は本来の鷹の爪とはだいぶ違っている。

例えば『蕃椒譜』は、「此種ことごとく天高い形甚小さくして愛すべき風情」とあり、果実が非常に小さい品種であるとしている。また、一九五四年に、九州農業試験場園芸部（当時）の熊沢三郎氏らが記した論文[1]によると、鷹の爪は上向きに着果するが、房なり性ではなく節なり性（節ごとにひとつずつ着果する）であるとし、果実は二・七センチほどで辛味が強いと書かれている。実際、大阪府堺市にある七味唐辛子の老舗・やまつ辻田が一〇〇年近く自家採種を続けて維持・栽培している鷹の爪は、これらの記述が示しているとおり、房なりではなく、節ごとに小さい果実がひとつずつつく品種で、辛味が強く、香りも非常によいことから、これが本来の鷹の爪だろうと考えられる。

ただし、先の熊沢氏の論文には「房なり鷹の爪」という系統も記されており、また、一九八四年に発表された野菜試験場久留米支場（当時）の興津伸二氏ほかの論文中にも[2]、節なり性の鷹の爪の他に、房なり性の鷹の爪も実験材料として使われている。どうやら、昭和が終わる頃までは、「鷹の爪」

市販の種子を育てた鷹の爪（房なり性）（左）と
やまつ辻田の鷹の爪（節なり性）

といえば、「節なり性」が主流ではあったが、「房なり性」の系統もあったようだ。しかし、熊沢氏や興津氏の記す房なり系の鷹の爪がどのような系統であったのかは、今となっては知るよしもない。

では、現在、一般に流通している市販種子の鷹の爪とは、いったい、どのような品種なのだろうか。

これまでの記録に残る鷹の爪や、やまつ辻田が栽培し続けているものと比べて果実がずいぶん大きいという点で、市販種子の鷹の爪は、八つ房や三鷹といった房なり品種に近いと考えられる。実際、我々がＤＮＡの比較試験を行ったところ、同様の結果が出ており、少なくとも本来の小粒の品種だった鷹の爪とは異なる品種だといえそうだ。推測するに、本来の鷹の爪が、どこかで八つ房系品種の遺伝的影響を受けて現在に至ったものが、現在の市販種子「鷹の爪」なのではなかろうか。おそらくは、前述した昭和の文献にある房なり性の鷹の爪は、これら市販種苗の鷹の爪の末裔と考えられる。

優良品種・三鷹

鷹の爪は、かつては主に関西でよく利用されており、関東の七味唐辛子や一味唐辛子には八つ房や三鷹が主に使われていたようである。

八つ房は、すでに示したとおり、江戸時代には「内藤とうがらし」として、今の新宿から四谷にかけての地域が産地として有名だった、古くからある品種である。

では、三鷹とはどういった品種なのであろうか。

『蕃椒譜』や『享保・元文諸国産物帳』といった江戸時代の文献や、明治初頭に伊藤圭介が記した『番椒図説』には、「三鷹」の名前は見られない。だが、昭和の文献になると、その名が現れ始める。

例えば、先ほども紹介した九州農業試験場園芸部の熊沢氏は、論文の中で[3]、トウガラシを大きく六つの品種群に分け、そのうちのひとつ、「八房群」に分類されるものとして「愛知三鷹」、「静岡三鷹」、および「栃木三鷹」という、「三鷹」の名がつく三つの品種を挙げている。

「三鷹」という名は、「三河の国の鷹の爪」であることがその由来とされる。だが、おそらく、その祖先は節なり品種の鷹の爪ではなく、江戸時代にはすでに存在していた房なり品種の八つ房あたりで、これを明治期以降に品種改良したものが三鷹となったのではなかろうか。

また、現代において「三鷹」の名で全国的に栽培流通されているものは、三河から直接広まった品種ではなく、その多くは栃木三鷹であるようだ。

大田原の丘は真っ赤に染まっていた――栃木三鷹

いくつかの文献[4]によると、「栃木三鷹」という名は通称で、「栃木改良三鷹」というのが正式な名前なのだそうだ。

大田原市の栃木三鷹

この品種が誕生したのは栃木県北東部にある大田原市で、この街にある吉岡食品工業の創始者・吉岡源四郎氏がその生みの親である。

戦前、東京でカレー粉用のトウガラシを製造販売していた吉岡氏は、一九四一年に大田原市に移り住み、トウガラシの産地育成に専念してきた。そして終戦から一〇年後の一九五五年、栃木三鷹を生み出したのである。これは八つ房系の「長三鷹（ながさんたか）」などを軸にして交配したものから分離・育成したもので、房なりで熟期のそろいがよく、収穫しやすいうえに、多収でもあり、さらには、従来、辛味の弱かった八つ房系のトウガラシとは異なり、十分に強い辛味を持つという優れた品種である。吉岡氏は、この新しい唐辛子の普及のために、種子の無償配布や、今でいう「契約栽培」の導入など、様々な新機軸を打ち出した。

こうした吉岡氏の努力によって、優良品種「栃木改良三鷹」は、年々、生産量が増え、やがて海外へも輸出されるようになり、一九六三年のピーク時には、輸出量は四三〇〇トンにのぼることとなる。吉岡食品工業の記録映像には、当時の大田原のなだらかな丘が、上向きに実った栃木三鷹で真っ赤に染まっている風景が残っていて、なかなか圧巻である。主な輸出先はセイロン（現・スリランカ）や米国で、その記録映像にはセイロンのブローカー夫妻が満足げな表情を浮かべている姿も捉えられている。

残念ながら、高度経済成長期以降、農業者人口の減少や変動為替相場制導入の影響により、徐々にトウガラシの輸出量は減少し、一九七六年にはゼロとなってしまうが、少なくとも一九六〇年代には、トウガラシは我が国の主要な輸出農産品のひとつであり、その立て役者こそ栃木三鷹であり、吉岡源四郎氏であったのだ。

現在、栃木三鷹は、一般に一味唐辛子、七味唐辛子用の原料として使われるトウガラシの主流となっている。おそらく、これは吉岡氏がかつて種子を無償配布した成果のひとつであろう。

3　七味唐辛子あれこれ

七味唐辛子三都物語

栃木三鷹や鷹の爪は、一味唐辛子、七味唐辛子に適した品種であることや、八つ房が古くから伝わる七味唐辛子の売り口上にその名が出てくるという話はこれまでにも書いてきたが、七味唐辛子こそ、日本の唐辛子製品の代表であろう。

七味唐辛子の歴史は古く、一六二五年に、からしや中島徳右衛門が江戸両国橋近くの薬研堀で売り始めたのが最初だといわれているので、日本にトウガラシが伝来して、そんなに経っていない時期にすでに生まれていたことになる。この日本最初の七味唐辛子は、浅草に店を構える老舗・やげん堀中

日本三大七味唐辛子
浅草のやげん堀中島商店、信州・善光寺の八幡屋礒五郎、京都の七味家本舗（左から）

島商店で代々受け継がれており、長い歴史を今に伝えている。

一方、京都・清水寺に向かう産寧坂にも老舗・七味家本舗が店を構えている。[5] 関西出身の私にとって、子供の頃から食べ慣れた七味唐辛子といえば、この京都の七味屋本舗の七味唐辛子である。

江戸のやげん堀の七味唐辛子から下ること約三〇年、明暦年間（一六五五〜五八年）に河内屋という茶屋が産寧坂に店を構えたのが七味家本舗の始まりとされ、当時は、清水寺への参拝客や、山科方面に向かう旅人相手に商いをしていたという。弁当のおかずに唐辛子の粉を振りかけたり、唐辛子粉入りの白湯を「からし湯」として無料で提供したといったことが好評を博したらしい。その後、七味唐辛子も売るようになって、一八一六年には「七味家」と屋号を改め、七味唐辛子を専門に商う店へと変わっていったようだ。

この江戸と京都の老舗に加え、信州・善光寺門前の八幡屋礒五郎を加えた三軒が、いつの頃からか日本三大七味唐辛子と呼ばれるようになっている。ただし、薬味の調合は左に示すようにそれぞれ異なっている。

江戸・やげん堀中島商店＝唐辛子、麻の実、陳皮、焼唐辛子、けしの実、粉山椒、黒胡麻
京都・七味屋本舗＝唐辛子、山椒、麻の実、紫蘇、青海苔、白胡麻、黒胡麻
信州・八幡屋礒五郎＝唐辛子、山椒、麻の実、紫蘇、陳皮、生姜、黒胡麻

これらの薬味の中で、まず目を引くのは七味屋本舗の山椒であろう。他の二店の七味唐辛子が、赤っぽいオレンジ色をした唐辛子の色が目立つのに対して、七味屋本舗は山椒が多く配合されているせいか、少し色が暗く、香りも味も山椒が強く感じられる。実際、七味屋本舗は、山椒の扱いに特に気を遣っており、「山椒が不作なら暖簾はかけぬ」という心構えが店に伝えられている。

また、信州・八幡屋礒五郎の七味唐辛子についてはすでにふれたが、他の二店のものには含まれていない生姜が入っているのが特徴的である。冬、寒さ厳しい信州であるので、体を温める効果のある生姜を入れるようになったのであろう。

アサとソバとトウガラシ

さて、その八幡屋礒五郎は、江戸、京都より少し遅れた元文年間（一七三六〜四一年）の創業とされる[6]。そもそも同店は麻を商っていたようで、麻を江戸に運んだ帰路の空荷を利用して、当時、江戸で人気があった七味唐辛子を持ち帰って売りだしていたが、次第に販売だけでなく、製造も行うようになったという。

かつて、信州は麻の産地として知られ、現在でも麻績（おみ）や美麻（みあさ）といった地名に名残がある。だが、現

在、その面影はほとんど感じられない。

麻は繊維作物として非常に重要であるが、いわゆる「大麻」の麻薬成分も持つため、戦後、GHQにより栽培が規制され、やがて需要が減るとともに信州では見られなくなっていった。だが、麻は、信州の山間地の農業と食文化に大きな役割を果たしていたのである。

植物としてのアサは成長が早く、山の斜面など、条件の悪い土地でも育つことから、信州では、他の作物が作れない山間地で多く栽培されていた。こうして、麻は信州の名産品となったのだが、実は、アサにはもうひとつ、効用があった。

アサを栽培している畑は、アレロパシー作用のために雑草など他の植物が生えにくいとされている。アレロパシー作用とは、ある植物が他の植物の生長を抑える物質を放出するという、言うなれば自分の生存、生育を優位に立たせるために植物が身につけた戦術である。しかし、そんなアサを栽培したあとの畑でも正常に栽培できる作物がひとつだけあった。それが現在も信州名物として名高いソバだったのである。

アサを収穫すれば、そこには雑草のない畑が現れ、そこでソバを栽培する——かつて、信州にはこのような農家がいくつも存在していた。ソバは播種から収穫までの栽培期間が短いため、夏にアサを収穫したあとに播種しても、秋にはしっかり収穫できる。長野県の西山地方と呼ばれる山間地域では「麻後の蕎麦は旨い」と伝えられており、「蕎麦どころ」として知られている地域は、実は「麻どころ」だったりする。

さて、七味唐辛子が蕎麦文化と密接な関係があることは周知の事実であろう。ソバ屋に入れば、食卓の上に七味唐辛子が置いてあることは誰もが知っている。七味唐辛子は江戸時代、蕎麦文化とともに普及していったとの説があるが、現代でも温かい蕎麦には七味唐辛子は欠かせないし、それどころか「長野県民（の一部）は冷たいざるそばにも七味唐辛子をかける」とバラエティ番組で紹介されたこともあるほどだ（私も実際にそういう信州人を知っている）。

もともと、麻を商っていた信州の商人が、七味唐辛子を扱うようになって八幡屋礒五郎が誕生したわけだが、その七味唐辛子の中には麻の実が入っている。そして、信州では、アサを栽培したのちにソバが植えられたが、蕎麦には七味唐辛子がなくてはならない薬味となっている……。七味唐辛子の歴史を掘り下げると、信州の麻、唐辛子、蕎麦の三者が密接な関係にあることが見えてくるのだ。

八幡屋礒五郎のトウガラシ

さて、一九八四年に八幡屋礒五郎の先代である室賀明氏が発行した『八幡屋礒五郎の七味唐がらし』という冊子[7]によると、かって七味唐辛子に入れる七種類の薬味は、善光寺の周辺で栽培、収穫されていたものを使っていたとしている。陳皮は温州ミカンの皮なので、さすがに寒い信州では入手できないであろうが、それ以外の薬味は信州で収穫されたものを使っていたのだろう。その後、それぞれの薬味について、いろいろと工夫をこらしたり、県外に品質のよいものを求めたりしてきたと、室賀氏の冊子には続けて記載されており、トウガラシについては「以前は、静岡県の天竜川流域の畑で栽培されたものを一手に引き受けて使っていました」とある。

その詳細について知りたくなり、のちに室賀氏に直接お聞きしたところ、一九五〇～六〇年頃まで

は、当時の静岡県磐田郡から唐辛子を仕入れており、品種は三鷹であったとのことだ。熊沢氏らの論文[8]に、果実が房なりになる八房群という品種群に属する品種として、愛知三鷹、静岡三鷹、および栃木三鷹という、三つの三鷹が挙げられていることはすでに記したが、これと並んで、「静岡鷹の爪」、「磐田八房」の名前も挙げられている。室賀明氏のいう「静岡県磐田郡の唐辛子」とは、地理的な位置から考えて、おそらく静岡三鷹、静岡鷹の爪、磐田八房のいずれかではないのだろうか。

天竜川沿いで当時の磐田郡といえば、長野県との県境に近い、今の静岡県浜松市天竜区の水窪（みさくぼ）や佐久間といった地域が該当するが、現地調査をしてみたところ、七味唐辛子の薬味用に適している、房なり性で上向きになる在来トウガラシ品種が、今でも細々と栽培され続けているのが確認できた。

さらに、この地域の昔を知る方から、かつては置き薬を訪問販売して回った「富山の薬売り」が、収穫された唐辛子を買い取っていたとの話を聞くことができた。長野の八幡屋礒五郎が、かつて静岡県の天竜川沿いの農家から唐辛子を買い取っていたというのなら、その運搬や仲買は、もしかしたら、このような薬売りが担っていたのかもしれない。

健康祈願——漢方薬と七味唐辛子

天竜川沿いの農家から唐辛子を買い取っていたのが、農産物や食料品を扱う行商人ではなく、薬売りだったというのは、単なる偶然ではあるまい。

かつての八つ房の名産地・内藤新宿には薬問屋がたくさんあり、その薬問屋に唐辛子が集荷されていたという事実については、すでにふれたが、どうやら昔の日本人は、トウガラシに薬効とまではいかないまでも健康機能性があって身体によいということに気がついていた節がある。七味唐辛子の発明者・からしや中島徳右衛門は漢方薬研究家、薬種商人であったが、七味唐辛子にしても、実は漢方をヒントに、七つの薬味を漢方薬よろしく調合して生まれたものなのである。

ちなみに中島徳右衛門が七味唐辛子を生み出した地は両国の薬研堀であり、地名に「薬」という文字が含まれているが、この地域に張りめぐらされている堀の断面が「薬研」という薬材などを粉砕する道具の形に似ていたからその名で呼ばれるようになったもので、直接、薬とは関係がない。だが、薬研堀には「医者町」という別名があったとも伝えられており、医者や薬問屋が多かったという。もしかしたら、薬研堀の薬問屋の中にも、トウガラシを扱っていた商人が少なからずいたのかもしれない。

やげん堀中島商店の七味唐辛子は、浅草の浅草寺の門前で売られていることで有名だが、京都の七味家本舗は清水寺、八幡屋礒五郎は善光寺と、いずれも門前に店を構えている。これ以外の神社仏閣でも、門前、参道で七味の調合売りをしている屋台がよく見られたという。江戸時代、自由な旅行が制限されていた時代であっても神社仏閣への参拝はある程度は許されており、現在でいえばテーマパークのような、ある意味レジャーの対象でもあったと想像できる。当然、その門前は大いに賑わっていたであろう。だが、レジャーとはいえ、神社仏閣は信仰の対象であり、人々は無病息災を祈りに参拝したことには違いない。そういった人々の目に、おそらく唐辛子は、体によい、ありがたい健康機能食品として映ったはずだ。

こうして唐辛子は、その薬的な側面、健康機能性によって神社仏閣と深く結びついた。そして、神社仏閣は、日本の唐辛子食文化の発展に重要な役割を担ったのである。

日光の紫蘇巻き唐辛子

東京の浅草寺、京都の清水寺、長野の善光寺と、日本の三大七味唐辛子についてふれてきたが、他にも寺社の門前で売られ続けてきた唐辛子を二つほど、紹介しておこう。ひとつは栃木県日光東照宮の「紫蘇巻き唐辛子」、もうひとつは神奈川県大山阿夫利(おおやまあふり)神社の「大山とうがらし」である。

栃木県の日光東照宮は、言わずと知れた徳川家康公を東照大権現として祭った神社である。江戸時代は、家康の命日四月一七日に将軍が詣でる「日光社参」をはじめ、諸大名や旗本、江戸時代の後期になると庶民までもが参拝に訪れた聖地であり、現在も、参詣客が絶えることがない観光名所だが、将軍様から庶民まで多くの人々が舌鼓を打った日光名物のひとつが「紫蘇巻き唐辛子」(現在、製造販売している落合商店では「志そまきとうがらし」と記す)である。

これは、塩漬けにした唐辛子を、別途塩漬けにした紫蘇の葉で巻いたもので、細かく刻んでご飯のお供として食べられる。私も以前、栃木県内で宿泊した際、宿の朝食で自家製の紫蘇巻き唐辛子をいただいたことがあるが、紫蘇の香りとピリッとした刺激が心地よく、朝から何杯もご飯をお代わりしてしまった。

この紫蘇巻き唐辛子に使われるトウガラシは、「日光」、もしくは「日光とうがらし」などと呼ばれる在来品種で、細長い果実が特徴だ。紫蘇巻き唐辛子が、どれくらい前から日光名物だったのかは、記載している文献を見つけられず、未だにわからない。しかし、第一章にも書いた佐藤信淵による江戸後期の経済書『経済要録』（一八二七年）には、トウガラシの産地として「下野の国日光、及び江戸内藤新宿名産なり」と記載があることから、少なくともこの時代には、日光はトウガラシの産地として知られていたことは間違いない。

日光名物「紫蘇巻き唐辛子」

大山とうがらし

神奈川県伊勢原市の北西に位置する大山（標高一二五二メートル）は、山頂に大山阿夫利神社が、中腹に大山不動尊大山寺がある名山で、古くから阿夫利（＝雨降り）ということで、雨乞いの神がいる山として親しまれている。この山のふもとにある小易（こやす）地区で江戸時代中期頃から栽培されている在来品種が「大山とうがらし」、別名「水引（みずひき）とうがらし」である。

日光とうがらしの果実は細長いのが特徴だが、この大山とうがらしの果実も同様で、辛さも同じくらいである。[9] かつては、大山詣での参拝客が訪れる宿坊の豆腐料理に薬味として出されたり、土産物として売られたりしていたらしい。二〇一〇年時点での記録によれば、五軒の生産者が自家採種によりこの品種を伝承し、栽培し続けている。

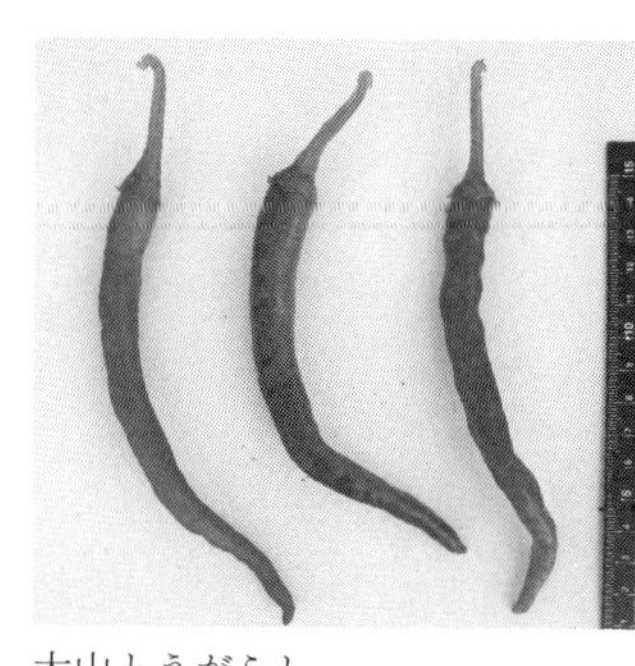

大山とうがらし

4 信州の唐辛子文化

在来品種が多い長野県

ここで私の住む長野県のトウガラシに目を向けてみよう。というのも、私が長野県に住んでいるということもあるのだが、栽培伝承されている在来品種数が多く、注目するに値すると考えているからだ。

現在、日本では四〇ものトウガラシの在来品種が栽培されていることにはすでにふれたが、このうち、長野県では一五品種もの栽培が確認されている。長野県は、冬が厳しい地域であり、保存食文化が長きにわたって伝承されている。それとともにトウガラシ品種も伝えられたのだろう。また、県土が南北に広く標高差も大きいことなど、地理的な条件が多様であることも、在来品種の数が多い理由だと考えられる。

これらの在来品種は、個人の生産者が自家用に栽培している程度のものから、地域をあげて生産振興がなされている品種まで、その扱いは様々であるが、このうち、中野市永江、および信濃町の「ぼたんこしょう／ぼたごしょう」、小諸市の「ひしの南蛮」と「そら南蛮」、阿南(あなん)町の「鈴ヶ沢南蛮」、栄村の「ししこしょう」が長野県農政部の制度により「信州の伝統野菜」として選定され、さらに二〇二〇年からは大鹿村の「大鹿唐辛子」がこれに加わり、計六品種となった。同様の認証制度は他県にもあるものの、トウガラシが六品種もあるというのは、他に例があるまい。

大鹿唐辛子

ぼたんこしょうとぼたごしょう

ぼたんこしょうとぼたごしょう（口絵viii頁）は、中野市永江と信濃町という、隣接する地域で栽培利用されており、品種としてみるとほぼ同一である。ピーマンやパプリカに近い独特な果実形をしており、その表面に深い溝（皺）が何本か走っている。その溝が果実先端に集まっている姿が、まるで牡丹の花のように見えることから「牡丹胡椒」と呼ばれるようになったといわれている。ちなみにこの場合の「胡椒」とは、もちろん黒胡椒、白胡椒のことではない。唐辛子のことを方言で胡椒や南蛮と呼ぶことがあるが、「牡丹胡椒」の場合もこれと同様である。

中野市永江のぼたんこしょうがこの地に根付いた時期や経緯については、はっきりと得られている記録や証言がいくつかあり、その中で最も古い時期を示すものは、一九一六年生まれの女性が永江（旧豊田村）に接する三水村（現在の飯綱町）からお嫁に来た際に種子を持ち込んだというものである。おそらく当時、同様のことがこの近隣一帯であったものと考えられ、少なくともこの頃には、ぼたんこしょうがこのあたりで栽培利用されていたことは確実なようだ。

中野市永江地区と信濃町は、いずれも比較的標高の高い地域であり、永江のぼたんこしょうの生産者グループ「斑尾ぼたんこしょう保存会」の会員の畑は標高六〇〇メートルから九〇〇メートルのあいだにある。同会の話では、これより標高の低い地域で栽培すると、辛味が上手くのらなかったり、果実が小さくなったり、変形したりするなど、本来のぼたんこしょうのよさが出ないのだそうだ。一方、信濃町についても、耕地のほとんどが標高六五〇メートルから七五〇メートルのあいだにある地域であり、ぼたごしょうを栽培している畑もその例外ではない。

さて、果実の形がピーマンやパプリカに似ているぼたんこしょうとぼたごしょうであるが、ピーマンやパプリカと大きく違うのは、辛味を持つことである。ただし、そんなに強い辛味ではなく、我々の成分分析の結果によると、三鷹と比べて五分の一から一〇分の一程度の低い辛味成分含量に留まっている。

ぼたんこしょうとぼたごしょうの味を語るうえで、留意すべきもうひとつの特徴は、食べる部位によって辛さの感じ方が大きく異なることだ。

中野市永江のぼたんこしょう

一味唐辛子のような均一化された粉体や、一口で口に入るような小さい果実の品種と違って、かなり果実が大きいぼたんこしょうとぼたごしょうでは、果実内のカプサイシノイドの分布がはっきりと分かれている。果皮（果肉）の部分に辛味はないが、果実内部の隔壁（果実内の空間を分けている板状の組織）に辛味成分が集中しており、この部分が口に入ると、強い辛味を感じることになる。

このように果実中に辛味が偏在しており、その部位があらかじめわかっていれば、辛いものが好きな人も嫌いな人も、安心してその味を楽しむことができる。料理をするにしても、その部位を使い分けることによって辛味を調節することもできる。

ぼたんこしょうとぼたごしょうは、様々な味わい方ができる品種なのだ。

ぼたんこしょうを使った郷土料理「やたら」

やたら美味い「やたら」

ぼたんこしょうとぼたごしょうは、赤くならないうちの緑の果実を食べることが多い。さわやかな香りと甘み、そしてほどよい辛味がなんとも旨い。

調理の仕方、レシピもいろいろとあるが、そのいくつかを紹介しておこう。

一番のおすすめは「やたら」と呼ばれる郷土料理だ。ぼたんこしょう、丸茄子、茗荷、そして大根の味噌漬けを細かくみじん切りにして和えただけのシンプルな料理だが、これを温かいご飯の上にのせて食べると、ぼたんこしょうのピリ辛、野菜の心地よい青臭さ、大根の味噌漬けの塩気がほどよく絡み合い、これだけで間違いなくご飯三杯は食べれてしまう。

「こしょう漬け」という、この地域独特の漬け物もある。ぼたんこしょうをはじめとした様々な夏野菜を塩漬けにして、その際に上がってきた漬け汁で秋冬に大根を漬けるもので、冬に食べても夏野菜の香りとほのかな辛味が楽しめる。大根を食べているのに、ぼたんこしょうが主役のように感じられる不思議で美味しい漬け物だ。

ひしの南蛮とその含め煮

この他、ぼたんこしょうを刻んで味噌に混ぜ込んだ「こしょう味噌」という保存食や、甘辛く煮込んだ佃煮も郷土の味だ。丸茄子と一緒に味噌炒めにしても美味しい。

我々の調査によると、ぼたんこしょうとぼたごしょうには、通常のピーマン品種に比べて旨味物質であるグルタミン酸や糖分が多めに含まれている。その美味しさは科学的にも証明済みなのである。[10]

ひしの南蛮とかぐらなんばん

長野県内とその周辺には、ぼたんこしょう、ぼたごしょうに似た品種がいくつか存在する。「信州の伝統野菜」に選定されているひしの南蛮はそのひとつで、ほぼ同じ品種といってもよいくらいである。ただし、ひしの南蛮はかなり未熟な段階で収穫するので、店頭で売られている果実は、ぼたんこしょうやぼたごしょうと比べてずいぶん小さいのだが、基本的に果実形態はそっくりである。

県境を越えた新潟県、中越地方で古くから栽培利用されている在来品種「かぐらなんばん」も、ぼたんこしょう、ぼたごしょうと非常に似ている。先にも挙げたぼたんこしょうの生産者グループ「斑尾ぼたんこしょう保存会」と、かぐらなんばんの生産者グループ「山古志(やまこし)かぐらなんばん保存会」がお互いの栽培した果実を見て、あまりにもそっくりなことに驚いたくらいだ。強いていえば、ぼたんこしょうは果実の中が三室に分かれているのに対し、かぐらなんばんは四室に分かれているという違いがあるが、すべての果実がそうなっているわけではないので、厳密に区別できるわけではない。

唐辛子文化を結ぶ川

ぼたんこしょうとぼたごしょう、そしてそれに似たひしの南蛮、かぐらなんばんは、同じルーツを持っていると考えてよいのだろうか。

ぼたんこしょうの栽培地・中野市永江とひしの南蛮の栽培地・小諸市は同じ長野県内とはいえ、かなり離れており、小諸市は中野市の南、およそ四五キロのところに位置している。かぐらなんばんの栽培地・長岡市山古志地域は、中野市永江の北東に位置しており、その距離はなんと八〇キロである。これほど離れているのに、同じような品種が古くから栽培されているのは、なぜなのだろうか。

小諸市＝中野市永江間四五キロと、中野市永江＝長岡市山古志間八〇キロと、遠く離れた三ヵ所を繋ぐもの——それは信濃川（千曲川）だと私は考えている。

長野県の東部、川上村の山中を源流として県内を湾曲しながら北に向かって流れる千曲川は、県境の栄村から新潟県津南町に流れ込むと信濃川と名前を変えて流れ続け、中越地方を経て最終的には新潟市で日本海に流れ出る。小諸市、中野市永江、山古志地域はいずれもこの川の流域にあり、ひしの南蛮、ぼたんこしょう、ぼたごしょう、そしてかぐらなんばんもまた、この千曲川、信濃川に沿って分布している。

ただし、いずれの品種についても、川に沿った河原付近ではなく、川から少し離れ、かつ、少し標高の高いところで栽培されている。これはおそらく、河原付近の平坦な農地では生産性が高く重要な作物、例えばイネなどが栽培され、トウガラシは各家庭の庭などで細々と栽培されていたことが理由ではないかと推察される。

千曲川・信濃川流域

かつての日本において、河川は物流において大きな役割を果たしていた。国土交通省の資料によると、信濃川（千曲川）も同様で、信越線が整備される明治時代末（私鉄であった北越鉄道が国有化され、高崎駅から新潟駅のあいだが信越線と命名されたのが一九〇九年＝明治四二年）までは、この川を利用した舟運が物流の主役であった。特に江戸時代では年貢米をはじめとした米の運輸は、幕府によって舟運だけに限られていたほどで、米以外でも、たばこ、織物、下駄、薪といった生産物が川下へ運ばれ、塩、茶、ござ、さらには鮭、鱒などの海産物が川上に運ばれた。

このような信濃川（千曲川）の積み荷と一緒に、もしくは船頭の懐の中に入れられて、かぐらなんばん、ぼたんこしょう、ひしの南蛮の元となったトウガラシの種子が運ばれていたのではないだろうか。残念ながら、それを裏付ける文献が見つかっていないので、あくまでも推察にすぎないが、これら在来品種の分布域を見るに、そう考えるのが自然であろう。作物や品種の分布には、その地域の歴史や人の営みが大きく関係しているものだからだ。

山里の唐辛子弁当

長野県の南端、阿南町鈴ヶ沢集落の鈴ヶ沢南蛮も、「信州の伝統野菜」に選定されている在来品種である。ぼたんこしょう、ぼたごしょうと違って果実が細長く、いわば唐辛子らしい形をしたこの品種は、辛味も結構強く、栃木三鷹などよりも辛いことが、我々の分析結果で明らかになっている。

鈴ヶ沢集落では、鈴ヶ沢南蛮以前にも、「鈴ヶ沢なす」と「鈴ヶ沢うり」が「信州の伝統野菜」に選定されている。鈴ヶ沢なすは果実の大きさが二〇センチから二五センチに及ぶ大型のナスで、もっちりした果肉の食感が特徴の在来品種である。また、鈴ヶ沢うりは、いわゆるウリではなく太めのキュウリで、果実の長さが一八センチから二〇センチにもなる品種である。いずれも、この鈴ヶ沢集落が、脈々と自家採種による栽培を続け、大切に守ってきたもので、今では地域の宝になっているといえよう。

鈴ヶ沢集落は、阿南町の役場から二〇キロほどの道のりで、標高九〇〇メートルほどの山間部にあ

鈴ヶ沢のなす、うり、唐辛子（鈴ヶ沢南蛮）と、
その青唐辛子が味噌に突き刺さっている、山仕事をする人のためのお弁当

る。六五歳以上の高齢者が人口の五〇パーセントを越える集落のことを「限界集落」と呼ぶが、ここもそれにあたり、存続が危ぶまれている。戦中戦後は、豊富な森林資源を背景に、炭焼きや林業関係の従事者が多かったそうだ。鈴ヶ沢南蛮は、そんな山仕事をする人々のお弁当に欠かせなかったという。

この地域の伝統野菜を栽培生産している「南信州おひとよし倶楽部」の市瀬光義さんに、当時のお弁当を再現してもらったところ、アルマイトの大きいお弁当箱の三分の二に麦ご飯、残りの三分の一には味噌が詰められていて、その味噌に煮干しと鈴ヶ沢南蛮の青唐辛子が突き刺さっているという豪快なものだった。

唐辛子は腹に切れ目が入れられて、中に味噌が入り込んだ状態になっている。昼食までの時間でほどよく味噌漬けになった唐辛子や煮干しを囓り、味噌をなめながら、麦飯をかっ込んだのであろう。さらに、麦飯を食べ切ったところで、山の清水を湧かしたお湯で残りの味噌を溶いて、味噌汁にして飲み干すのだそうだ。

再現されたお弁当のご相伴にあずかったが、パンチの利いた辛味と香りの鈴ヶ沢南蛮と深い味わいの自家製味噌の相性がよく、さらにもう一口、もう一口とご飯が進む。一見、塩分過多のように感じるが、山仕事で大汗をかくであろうから、これくらいは必要なのかもしれない。

市瀬さんによると一九六〇年くらいまでは、このようなお弁当が食べられていたのだそうだ。在来品種というものが、地域の風土、生活、文化とともにあることを、ひしひしと感じるお弁当であった。

5　京都のトウガラシ

各地の伝統野菜認証制度

長野県によって「信州の伝統野菜」に選定されたトウガラシについて紹介してきたが、こういった伝統野菜の認定制度を実施している地方自治体や地域団体はもちろん他にもあり、いくつかの在来トウガラシ品種が認定・選定されている。

例えば、内藤とうがらし（＝八つ房）はＪＡ東京中央会によって「江戸東京野菜」として承認されており、新潟県中越地方の山古志かぐらなんばんは長岡野菜ブランド協会によって「長岡野菜」に認定されている。岐阜県中津川市下野地区の在来品種「あじめコショウ」は、その細長い果形から、その地域に棲む「あじめどじょう」という泥鰌になぞらえてその名で呼ばれているそうだが、岐阜県によって「飛騨・美濃伝統野菜」に認証されている。さらには奈良の辛くないトウガラシ「ひもとうがらし」と「紫とうがらし」（口絵viii頁）は、奈良県によって「大和野菜」に認定されている。

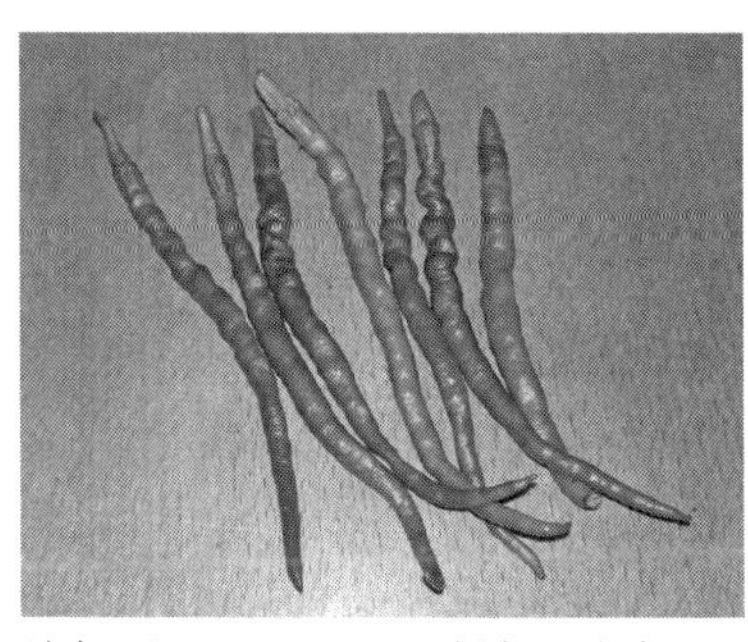
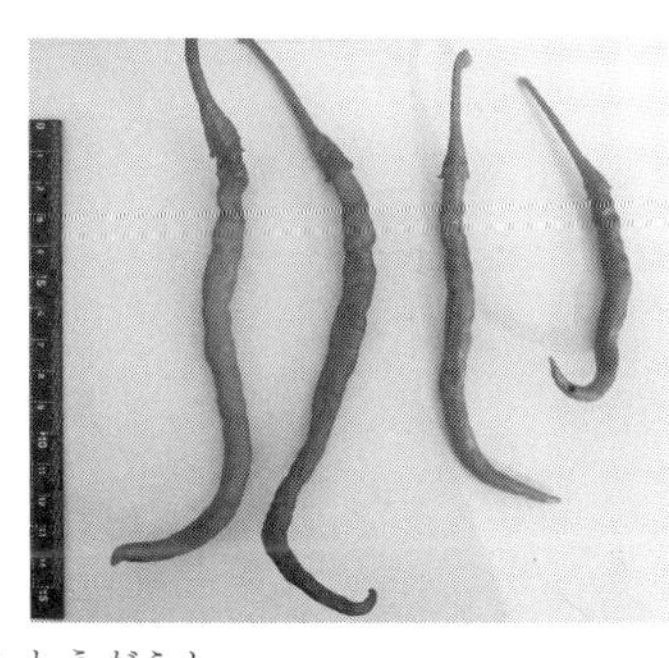
岐阜のあじめコショウ（左）と奈良のひもとうがらし

これらの認証・認定の制度は、団体によってその要件が異なるので、すべて同列に考えることはできない。しかし、いずれも、いわば「地域のお墨付き」を与えるという機能を果たしており、生産や販売等の活動に対して何らかの支援を行う場合が多い。

こういった伝統野菜認証制度の先駆けとなったのが、京都府の取り組みである。

「京の伝統野菜」ブランド

京都府は、府内の農林畜水産物のブランド化を行うべく認証の枠組みを二つ設定している。

ひとつは「京の伝統野菜」という枠組みで、明治以前から栽培されている在来野菜を「京の伝統野菜」、大正以降の導入であってもそれに準ずる在来野菜を「京の伝統野菜に準じるもの」という二つの定義づけを行ったものである。二〇一九年一二月の時点で、前者は三七品目（絶滅種二品目を含む）、後者は三品目が挙げられているが、「京の伝統野菜」には「田中とうがらし」、「伏見とうがらし」の二品種、「京の伝統野菜に準じるもの」には「鷹峯（たかがみね）とうがらし」「万願寺とうがらし」が含まれている。

もうひとつの枠組みは、「京のブランド産品」というもので、京都らしいイメージを持ち、安心・安全と環境に配慮して収穫された農林水産物を厳選したのち、さらに、その中から、①出荷単位としての適正な量を確保している、②品質・規格を統一している、③他産地に対する優位性・独自性の要素がある、という三つの要件等を満たしている産物を認定するものである。この認定を受けた産物は、出荷時に京のブランド産品であることを示す「京マーク」を貼って流通させることができる。「京のブランド産品」には三一品目の産物が認定されているが、このうちトウガラシは伏見とうがらしと万願寺とうがらしの二品種があり、「京の伝統野菜」等の枠で選ばれていた田中とうがらし、鷹峯とうがらしは含まれていない。

さて、これから伏見とうがらし、田中とうがらし、鷹峯とうがらし、万願寺とうがらしと、京都在来の四品種を見ていこうと思うが、これらはいずれも、トウガラシとはいうものの、すべて辛味のない、もしくは辛味の極少ない野菜用品種である。

伏見とうがらしの今と昔

「京の伝統野菜」と「京のブランド産品」において、ともに認証されている唯一のトウガラシが伏見とうがらし（口絵viii頁）である。その名のとおり、京都市伏見とその周辺地域の在来品種で、一五センチ程度の細長い果形であることから「伏見甘長」とも呼ばれている。

すでにふれたように、伏見は古くからトウガラシの産地として知られており、江戸時代前期に松江重頼（しげより）によって書かれた『毛吹草（けふきぐさ）』（一六四五年）や、歴史家の黒川道祐（どうゆう）による『雍州府志（ようしゅうふし）』（一六八四年）にも、その旨が記載されている。しかし、前述のように平賀源内の頃（一七〇〇年代）、江戸時代中期では辛味のないトウガラシは非常に珍しいものであったことから、少なくともその頃くらいまでは辛いトウガラシが栽培されていたものと考えられる。現在ではあまり見ることがないが「伏見辛」という辛味のある品種もかつては存在したので、もともとは、そういった辛い品種が伏見では栽培されていたのであろう。それらの辛いトウガラシ中から辛くない個体が選抜されたか、あるいは他所から伏見に導入されて、現在の伏見甘長になっていったものと推察される。

また、甘トウガラシであっても、現在のような細長い果実の品種のみが伏見で栽培されていたわけではなく、かつては、異なる形状のものも栽培されていたようだ。というのも、国立研究開発法人農業・食品産業技術総合研究機構・遺伝資源センターのジーンバンク（遺伝資源銀行）に、「伏見甘」の名で京都で収集された遺伝子資源が保存されているのだが、これらの資源には「長系」と「短系」の二種類があり、実際に取り寄せて栽培試験してみたところ、長系の果実が一五～一七センチ、短系は七・五センチ程度と比較的短めの果実であった。京野菜に詳しい菊池昌治氏は[11]、伏見とうがらしには一五センチほどの長形と、一〇センチほどの短形の二種類があると記しているので、ジーンバンクの保存系統の状況と一致する。これら遺伝資源の「伏見甘」がジーンバンクに収集・保存された昭和の頃には、伏見甘といっても、少なくとも二種類の「伏見甘」が存在したのだろう。

かつて伏見では辛いトウガラシが栽培されていたものの、いつの頃からか甘いトウガラシが台頭し始め、さらにその中でも細長いものが現在に伝わった。長い時間にわたって、その地域の人々の生活や食文化の影響を受けながら、「伏見甘長」は伏見とうがらしの代表＝主流となったものだと考えられる。

ししとうのルーツ——田中とうがらし

伏見とうがらしと同様、「京の伝統野菜」に認定されているのが田中とうがらしである。長さ五センチ程度の太くて短い小型の果実がなる品種で、先端が尖ってはおらず「獅子頭」の形状になっているので、「ししとうがらし」とも呼ばれていたそうだ。

京都府立大学名誉教授の高嶋四郎先生によると、[12]田中とうがらしは、明治の初め頃に愛宕（おたぎ）郡田中村（現・左京区田中）の牧伊三郎という農家が滋賀県から種子を持ち帰って栽培を始めたものだという。その後、田中地区の都市化が進み、栽培生産が困難になってくると、栽培地の中心が左京区修学院・一乗谷地区に移っていったが、ウイルス病の蔓延により生産量は減っていった。

昭和の初め頃まで、田中とうがらしの種子は門外不出で、他地域での栽培は見られなかった。だが、その後、各地に種子が伝わるようになり、一九四〇年代の中頃、和歌山に導入されたものが、現在、全国で栽培されている、いわゆるししとうの元になったともいわれている。

一方、本家本元の田中とうがらしの生産量は減少していったが、戦前に山科区四宮で栽培が復活し、「山科とうがらし」（口絵viii頁）の名前で知られるようになった。ただし、現在、京都の市場などで見かける山科とうがらしは、果実先端が獅子頭形ではなく尖っているなど、本来の田中とうがらしとは違ってきているようだ。

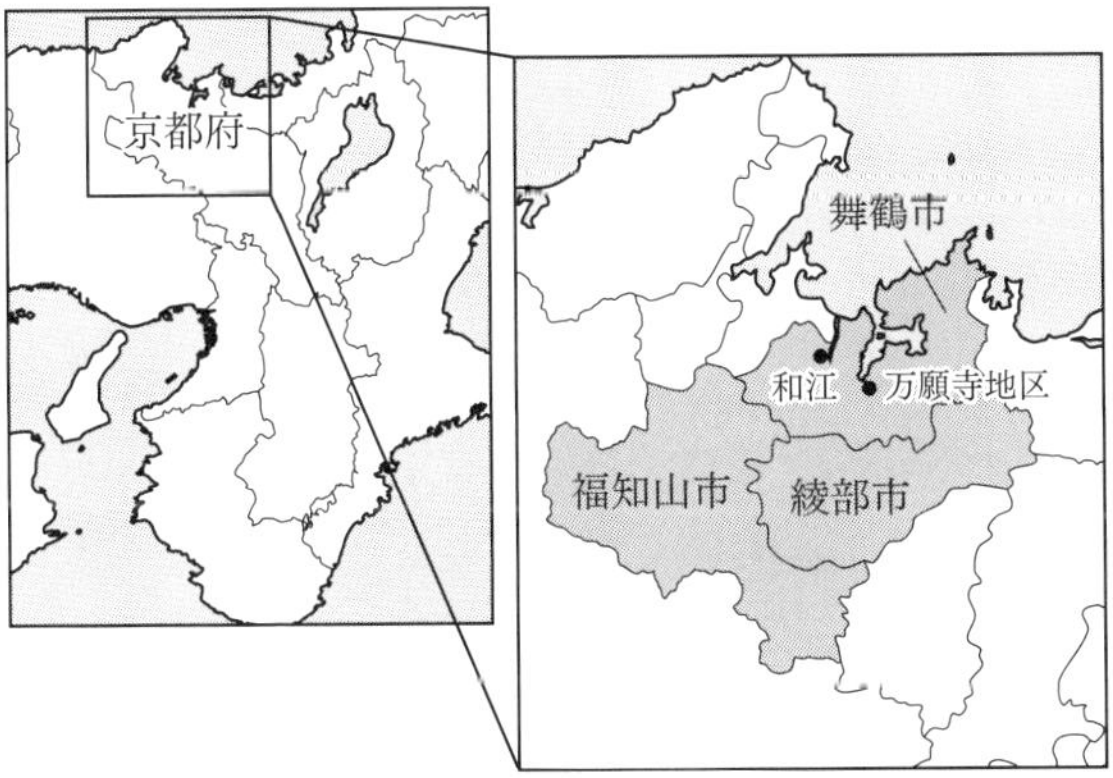

鷹峯とうがらしと万願寺とうがらし

京都府から「京の伝統野菜に準じるもの」——つまり、大正以降、京都に導入された伝統野菜として認められているのが、鷹峯とうがらしと万願寺とうがらしである。

鷹峯とうがらし（口絵viii頁）は、京都市北区鷹峯で一九四三年頃から栽培が始められたとされる。伏見とうがらしより太い流線形の果形で、果実が肉厚の品種である。

一方、「京の伝統野菜に準じるもの」ながら、今や京野菜の代表のひとつとして知られているのが万願寺とうがらし（口絵viii頁）である。

この品種は、長さ一五センチ、重さ一五グラム程度の大型の果実がなるもので、横に切った時の切断面が少し扁平な形であり、さらに果実上部（ヘタ側）にちょっとしたくびれが見られる。こうした形態的特徴から、伏見群に属するトウガラシ品種と「カリフォルニア・ワンダー」系のピーマン品種との交配により生まれた品種であると推定されている。

万願寺とうがらしの起源地については、高嶋先生の著書[13]などが主張する京都府加佐郡丸八江（まるやえ）村和江（わえ）（現・舞鶴市和江）とする説と、大正末期から昭和初期にかけて舞鶴市中筋の万

京都万願寺二号

願寺地区で生まれたとする説がある。

現在、万願寺とうがらしを栽培しているのは、京都府内でも舞鶴市、綾部市、福知山市に限られている。肉厚で、素焼きにしてさっと醤油と鰹節で食べても旨いし、炒め煮にしても美味しい。栽培試験中の畑で、収穫したてのみずみずしい果実を齧ってみたことがあるが、驚くほど甘味が強く感じられ、それだけでバリバリと何本も食べたくなるほどだった。

伝統と技術の融合——京都万願寺二号

大変美味な万願寺とうがらしであるが、かつてはししとうと同様、栽培時のストレス等が原因で、強い辛味を持つ果実ができてしまうという欠点があった。この問題を解決すべく、二〇一一年、京都府農林水産技術センター生物資源研究センターが開発したのが「京都万願寺二号」である。

これは、カプサイシノイドをまったく産生しないピーマン品種と万願寺とうがらしを交配して得られた孫世代、いわゆるF2世代の集団の中から、ピーマン品種と同様、辛味を作れない遺伝子を持つ個体を探し出し、さらに、その個体の花に万願寺とうがらしの花粉を再度掛け合わせるという方法、すなわち、戻し交配とマーカー選抜を何度も繰り返して育成したものである。[14] 要するに、ピーマン品種から受け継いだ遺伝子の影響で辛味を産出する能力はまったくないが、それ以外のすべての特徴は万願寺とうがらしに由来しているという品種なのだ。
万願寺とうがらしは伝統ある素晴らしい品種であるが、作物の栽培には伝統だけではカバーできない部分がある。京都万願寺二号は、そこを技術によって補った。まさに伝統と技術の融合によってできた結晶といえよう。

「栽培」と「食文化」という両輪

ここまで、日本各地に古くから伝わる、様々な在来トウガラシ品種を紹介してきた。だが、「古い」という言葉と「伝統」という言葉は、必ずしも同義ではない。「ただ古ければいい」というわけではないのだ。

例えば、長野県の「信州の伝統野菜」の制度では、ただ「古い」という理由だけではなく、以下の要件をすべてクリアしている作物でなければ選定されない。まず、「地域の気候風土に育まれ、昭和三〇年代（一九五五〜六四年）以前から栽培されている品種であること」。次に、「当該品種に関した信州の食文化を支える行事食・郷土食が伝承されていること」、さらに「当該野菜固有の品種特性が明確になっていること」の三つである。

このうち、私が重視、かつ評価しているのが、食文化についての要件である。

ひとつの伝統野菜、在来品種が長年にわたり伝承されてきたということは、それぞれの地域の気候風土や文化に応じて、人々に育まれてきたことを意味する。その地域の栽培環境や住民の生活習慣、味の好み、調理の利便性など、様々な要因に合うように、ゆっくりと時間をかけて品種改良されてきたからこそ、今のトウガラシの形がある。「在来トウガラシの伝統」という時、その「伝統」とは、栽培の歴史とその食文化の歴史が表裏一体となったものなのだ。

実際、現地を回って調べてみると、伝統野菜、在来作物は、その地域の伝統料理とセットになって残っていることが多い。長野県中野市永江のぼたんこしょうとこれを使った「やたら」はその一例だ。旨いやたらを作るには、ぼたんこしょうが絶対に必要だ。ぼたんこしょうで作るからこそ、あの美味しさが出るのであって、鷹の爪で作っても辛すぎて食べられないし、普通のピーマンで作っても物足りないこと甚だしいだろう。その野菜、作物でなければ、その料理の本当の味が出せない――つまり一般的な品種では代役が務まらないというケースが、現在も残っている伝統野菜、在来作物には多いように感じる。ひとつの料理、ひとつの食文化と深く結びつくことで、その品種が長く生き残る確率は高くなるのではないだろうか。

現在、農業は急激な変化の中にある。地球温暖化やそれに伴う病害虫の増加、経済や流通の問題など、農作物は様々な脅威にさらされている。古くからの伝統野菜や在来の農作物も、その例外ではない。こうした変化を乗り切るためにも、栽培と食文化を常にワンセットで考える必要があろう。そして、このことを踏まえたうえで、必要とあらば、万願寺とうがらしのように品種改良を行うなど、積極的な手を打っていくべきだと思う。

品種改良された新しいトウガラシであっても、食文化と深く結びつけば、そこから新しい「伝統」が始まる。「食文化」の要請が「栽培」を変え、「栽培」の発展が「食文化」を豊かにする。古い品種も、新しい品種も、「栽培」と「食文化」という両輪がそろうことで、前へと進んでいくのだ。

旅の終わりに

トウガラシの起源地・南米から世界をぐるりと回って日本にまでたどり着いた。世界の各地で人々はトウガラシを栽培し、気候風土や自分たちの生活様式、嗜好にあわせ、長い時間をかけてその地にしかない品種を作りだしていた。そして、自分たちの食文化に取り入れ、伝統的な郷土食となるまで成熟させ、現在に伝えている姿を見てきた。

しかし、よく考えてみると、このことは、トウガラシが南米の地から拡散し、世界各地に伝播していく中で、人々の生活や食文化を変えていったとも捉えることができる。かつて鳥を種子拡散者とすべく、選択的に食べられるように果実内に辛さを獲得したトウガラシであるが、その刺激的な味によって人々を魅了し、世界中に広まっていった。人類は、トウガラシを「栽培利用」したつもりでいるが、実は、逆に利用されていたのかもしれない。

＊

さて、私の研究室では数名の学生、院生とともにトウガラシを毎年一〇〇〇株ほど栽培し、それを材料として様々な研究を実施している。年間一〇〇〇株ものサンプルがあれば、毎年、新たな発見があって、もっと調べたい、もっと研究したいと欲が出てくる。しかし、私一人だけで進められる研究というものは、ほとんどない。トウガラシの栽培管理にしても、講義、会議やその他雑務に追われて、学生、院生たちに任せっぱなしなのが現状だ。彼らには本当に頭が上がらない。

私のトウガラシの研究は、多くの人々の支えがあって成立している。人数は少ないものの、「トウガラシ研究仲間」と呼べる人たちのおかげだ。これまで地道な研究を重ね、貴重な成果を残してくれた諸先輩方はもちろん、若手研究者にも助けられている。「若手」といって侮ることなかれ、中には極めて優秀な人もおり、彼らに教えてもらいながら、研究を進めることも少なくないのだ。

こういった「トウガラシ研究仲間」の先生方、そして、卒業生を含む研究室の学生、院生に感謝しなければならないと、この本を書きながら改めて痛感した。

*

私のトウガラシ研究のひとつに、アジアを中心に世界のトウガラシ在来品種を収集して回るというものがある。ただ集めて回るわけではない。それでは、単なる「トウガラシおたく」の所業だが、採取した在来品種を遺伝資源、すなわち将来の品種改良の元親として、あるいは、様々な研究のための材料として活用できるようにするのが、この研究の目的である。具体的な仕事の流れをいえば、日本に持ち帰ったのち、栽培試験によりその品種の特徴の評価を行い、そのデータと種子を、日本と収集国のジーンバンクに保存するということになる。本書の中でもふれたが、二〇一四年からは、農林水産省のアジア遺伝資源に関するプロジェクトに参加し、ネパール、カンボジア、およびミャンマーで、それぞれの国の国立農業研究機関と共同で探索収集をしているところである。

これらの現地調査は、トウガラシだけでなく、メロンやキュウリなどのウリ科作物、アマランサスなどの雑穀類、もしくは豆類といった作物に関しても行われており、それぞれ担当研究者が同行している。現地で探索する際には、チームを組んで合同で行うこともあるのだが、作物によっては、時期や気候、住民の性格や都合といった問題で、種子が思うように収集できないことがある。しかし、トウガラシは、どの農家や市場でも簡単に見つけることができ、収集するのに苦労した経験はこれまでにない。熱帯、亜熱帯の村に行くと、通常、農家の庭には数本のトウガラシが植わっていて、料理に使いたい時にいつでも収穫できるようになっているし、たくさん果実がとれると、屋根の上で乾燥させたうえで保存している。唐辛子が手に入らない時期などないといってもいいのだ。どの家庭でも、トウガラシは毎日の食生活に欠かせない香辛料、あるいは野菜となっているわけだが、このことは、この刺激的な味を持った農作物が、その地域の食文化の深層にまで食い込んでいることを意味していよう。

私はトウガラシという植物の育種や遺伝の研究を専門としているが、人間に利用されることで世界中に伝播し、様々な品種に分化してきた作物である以上、文化的な視点を無視して、研究に取り組むことはできないと考えている。遺伝解析や品種改良を進めるにしても、その品種が根付いている地域の食文化を考慮していく必要があるというのが私の持論である。本書でも、文理双方向からトウガラシが辿ってきた道筋を検証し、様々な辛味食文化を紹介してきたが、今後、明らかにしなければならない問題は、まだまだある。

これからも、さらにトウガラシと辛味について探究していくことを再決意して、結びの言葉としたい。

註

〈第一部〉

[第一章]

1 鄭大聲「朝鮮の食文化としての香辛料」、石毛直道編『論集　東アジアの食事文化』（平凡社、一九八五年、pp.441-469）

2 竹内美代「日本食文化における唐辛子受容とその変遷」（日本生活学会編『生活学　食の一〇〇年』、ドメス出版、二〇〇一年、pp.145-173）

3 山本宗立「日本のトウガラシ品種」（山本紀夫編著『トウガラシ讃歌』、八坂書房、二〇一〇年、pp.247-255）

4 芳賀善次郎『新宿の今昔』（紀伊国屋書店、一九七〇年）

5 飯島秀明「日本の唐がらし王吉岡源四郎物語」（『モノ・マガジン』No.401、二〇〇〇年、pp.85-90）

[第二章]

1 Linda Perry, Ruth Dickau, Sonia Zarrillo, Irene Holst, Deborah M. Pearsall, Dolores R. Piperno, Mary Jane Berman, Richard G. Cooke, Kurt Rademaker, Anthony J. Ranere, J. Scott Raymond, Daniel H. Sandweiss, Franz Scaramelli, Kay Tarble, James A. Zeidler, "Starch Fossils and the Domestication and Dispersal of Chili Peppers（*Capsicum* spp. L.）in the Americas" in *Science*, 2007, Vol. 315, Issue 5814, pp.986-988.

2 M. J McLeod, Sheldon I. Guttman, W. Hardy Eshbaugh, "Early evolution of chili peppers（*Capsicum*)" in *Economic Botany*, 1982, vol.36, no.4, pp.361-368.

3 Brian M. Walsh, Sara B. Hoot, "Phylogenetic relationships of *Capsicum*（Solanaceae）using DNA sequences from

two noncoding regions: the chloroplast *atpB-rbcL* spacer region and nuclear waxy introns" in *International Journal of Plant Sciences 162*, 2001. pp.1409-1418.

4 Kraig H. Kraft, Cecil H. Brown, Gary P. Nabhan, Eike Luedeling, José de Jesús Luna Ruiz, Geo Coppens d' Eeckenbrugge, Robert J. Hijmans, Paul Gepts, "Multiple lines of evidence for the origin of domesticated chili pepper, *Capsicum annuum*, in Mexico" in *PNAS*, 2013, vol.111, no.17, pp.6165-6170.

5 Sota Yamamoto, Tutie Djarwaningsih, Harry Wiriadinata, "History and Distribution of *Capsicum chinense* in Indonesia" in *Tropical Agriculture and Development*, 2014, vol.58, no.3, pp.94-101.

6 畠山佳奈実、鈴木直樹、根本和洋、松永啓、友岡憲彦、南峰夫、松島憲一「マレーシア西海岸地域より収集したトウガラシ（*Capsicum* spp.）遺伝資源の評価」（『熱帯農業研究』、二〇一七年、一〇号（別2）：pp.23-24）

7 矢澤進「雲南の野菜—豊富な種類、多様な品種をめぐって」、佐々木高明編『雲南の照葉樹林のもとで』（日本放送出版協会、一九八四年、pp.71-92）
矢澤進「トウガラシ—伝播経路」、日本農芸化学会編『世界を制覇した植物たち　神が与えたスーパーファミリーソラナム』（学会出版センター、一九九七年、pp.131-147）

8 Sota Yamamoto, Eiji Nawata, "Morphological characters and numerical taxonomic study of *Capsicum frutescens* in Southeast and East Asia" in *Tropics*, 2004, vol.14 no.1, pp.111-121.
Sota Yamamoto, Eiji Nawata, "*Capsicum frutescens* L. in Southeast and East Asia, and its dispersal routes into Japan" in *Economic Botany*, 2005, vol.59, no.1, pp.18-28.
Sota Yamamoto, Eiji Nawata, "The germination characteristics of *Capsicum frutescens* L. on the Ryukyu Islands and the domestication stages of *C. frutescens* L. in Southeast Asia" in *Tropical Agriculture*, 2006, vol.50, pp.142-153.
Sota Yamamoto, Eiji Nawata, "Use of *Capsicum frutescens* L. by the indigenous peoples of Taiwan and the Batanes Islands" in *Economic Botany*, 2009, vol.63, pp.43-59.

Sota Yamamoto, Tetsuo Matsumoto, Eiji Nawata, "*Capsicum* use in Cambodia: The continental region of Southeast Asia is not related to the dispersal route of *C. frutescens* in the Ryukyu Islands" in *Economic Botany*, 2011, vol.65, pp.27-43.

9　松島憲一、辻旭弘、Orapin Saritnum、南峰夫、根本和洋、池野雅文「トウガラシ（*Capsicum* spp.）遺伝資源の特性評価」（『信州大学農学部ＡＦＣ報告』、二〇〇九年、七号、pp.77-86）

10　同前論、pp.77-86

11　小仁所邦彦、南峰夫、松島憲一、根本和洋「トウガラシ属（*Capsicum* spp.）におけるカプサイシノイドの種間および種内変異の解析」（『園芸学研究』、二〇〇五年、四巻二号、pp.153-158）

広瀬忠彦、浮田定利、高嶋四郎「トウガラシの近縁種について」（『西京大学学術報告農学』、一九五七年、九号、pp.13-22）

12　太田泰雄「トウガラシの辛味に関する生理学的ならびに遺伝学的研究Ⅲ　辛味成分の生成消長」（『遺伝學雑誌』、一九六二年、三七巻一号、pp.86-90）

現代農業編集部「辛トウガラシ世界一うまい「ロコト」」（『現代農業』、二〇〇二年二月号、p.108）

Sota Yamamoto, Tutie Djarwaningsih, Harry Wiriadinata, "Distribution and cultivation practices of *Capsicum pubescens* on the islands of Java, Sumatra, and Sulawesi, Indonesia" in *The Journal of Island Studies*, 2016, Vol.17, no.1 pp.67-87.

13　カート・マイケル・フリーズ、クレイグ・クラフト、ゲイリー・ポール・ナバーン、田内しょうこ訳『トウガラシの叫び〈食の危機〉最前線をゆく』（春秋社、二〇一二年）

[第三章]

1　Joshua J. Tewksbury, Gary P. Nabhan, "Directed deterrence by capsaicin in chilies" in *Nature*, 2001, vol.412, pp.403-404.

2 Joshua J. Tewksbury, Karen M. Reagan, Noelle J. Machnicki, Tomás A. Carlo, David C. Haak, Alejandra Lorena Calderón Peñaloza, Douglas J. Levey, "Evolutionary ecology of pungency in wild chilies" in *PNAS*, 2008, vol.105, no.33, pp.11808-11811.

3 David C. Haak, Leslie A. McGinnis, Douglas J. Levey, Joshua J. Tewksbury, "Why are not all chilies hot? A trade-off limits pungency" in *Proceedings of The Royal Society B*, 2012, Vol.279, pp.2012-2017.

4 ゲイリー・ポール・ナブハン、栗木さつき（訳）『辛いもの好きにはわけがある―美食の進化論―』（ランダムハウス講談社、二〇〇五年）

[第四章]

1 杉山立志、志手真人、藤野廣春、辰尾良秋、中村佐紀子、覚正信徳、伊藤昌夫、横田秀夫、加瀬究、黒崎文也「カプサイシン含有率と隔壁表面積計測によるトウガラシ果実におけるカプサイシン生合成能の評価」（『Plant Morphology』、二〇〇六年、一八巻一号、pp.75-82）

2 Yoshiyuki Tanaka, Fumihiro Nakashima, Erasmus Kirii, Tanjuro Goto, Yuichi Yoshida, Ken-ichiro Yasuba, "Difference in capsaicinoid biosynthesis gene expression in the pericarp reveals elevation of capsaicinoid contents in chili peppers (*Capsicum chinense*)" in *Plant Cell Reports*, 2017, vol.36, no.2, pp.267-279.

3 豊田美和子、井上国、小仁所邦彦、松島憲一、南峰夫、根本和洋「トウガラシ辛味成分含量の登熟に伴う変化」（『北陸作物学会報』、一九九九年、三四巻、pp.141-143）

4 川口奏子、松島憲一、室賀豊、中谷まゆみ、南峰夫、根本和洋「土壌成分の違いがトウガラシの生育・収量・辛味成分含量に与える影響」（『園芸学会東海支部大会・第39回長野県園芸研究会合同大会研究発表要旨』、二〇〇八年、p.27）

5　北村和也、松島憲一、川口奏子、南峰夫、根本和洋「窒素およびリンの施用量がトウガラシ辛味成分含量に与える影響」（『園芸学研究　別冊』、二〇一〇年、九号、p.488）

6　小菅貞良、稲垣幸男「蕃椒辛味成分に関する研究（第10報）：施肥と辛味成分含量」（『農産加工技術研究會誌』、一九六一年、八巻六号、pp.297-302）

7　嵯峨紘一「トウガラシ果実の辛味成分に関する研究　無機養分、とくにリンが辛味成分含量におよぼす影響」（『弘前大学農学部学術報告』、一九七二年、一八号、pp.96-106）

8　橘昌司「Ⅲ－3ピーマン」（園芸学会監修『日本の園芸』、朝倉書店、一九九四年、pp.76-79）

9　吉田裕一、大井美知男、矢澤進「主要野菜の特性一覧」（矢澤進編著『図説野菜新書』、朝倉書店、二〇〇三年、pp.214-233）

10　松島憲一「辛いか甘いかトウガラシ」（『おいしさの科学』企画委員会編『おいしさの科学vol．3　トウガラシの戦略　辛みスパイスのちから』（NTS、二〇一二年、p.26-30）

11　松島憲一「トウガラシ栽培における果実の辛味変動とその要因」（『特産種苗』、二〇一五年、二〇号 pp.18-21）

12　桂川あやな、松島憲一、南峰夫、根本和洋、濵渦康範「単為結果が極低辛味系統S3212（*Capsicum frutescens*）の辛味に与える影響」（『園芸学研究　別冊』、二〇一一年、一〇号、p.352）

13　畠山佳奈実、朴永俊、根本和洋、南峰夫、松島憲一「単為結果処理によるトウガラシ果実中のCapsaicin, Dihydrocapsaicin およびCapsiate の増加」（『園芸学研究　別冊』、二〇一六年、一五号、p.174）

14　Keiko Ishikawa, Shiho Sasaki, Hiroshi Matsufuji, Osamu Nunomura, “High ß-carotene and Capsaicinoid Contents in Seedless Fruits of ‘Shishitoh’ Pepper” in *HortScience*, 2004, vol.39, no.1, pp.153-155.

María A. Bernal, Antonio A. Calderón, María A. Pedreño, Romualdo Munõz, A. Ros Barceló, F. Merino de Cáceres, “Capsaicin Oxidation by Peroxidase from *Capsicum annuum* (variety Annuum) fruits” in *J. Agric Food Chem*, 1993, vol.41, no.7, pp.1041-1044.

María A. Bernal, Antonio A. Calderón, María A. Ferrer, F. Merino de Cáceres, A. Ros Barceló, "Oxidation of Capsaicin and Capsaicin Phenolic Precursors by the Basic Peroxidase Isoenzyme B6 from Hot Pepper" in *J. Agric Food Chem*, 1995, vol.43, no.2, pp.352-355.

15 Berta Estrada, Federico Pomar, José Díaz, Fuencisla Merino, María A. Bernal, "Pungency level in fruits of the Padrón pepper with different water supply" in *Scientia Horticulturae* 1999, vol.81, issue 4, pp.385-396.
Berta Estrada, María A. Bernal, José Díaz, Federico Pomar, Fuencisla Merino, "Fruit Development in *Capsicum annuum*: Changes in Capsaicin, Lignin, Free Phenolics, and Peroxidase Patterns" in *J. Agric Food Chem*, 2000, vol.48, no.12, pp.6234-6239.

16 前掲註12

17 藪野友三郎、木下俊郎、村松幹夫、三上哲夫、福田一郎、阪本寧男『植物遺伝学』（朝倉書店、一九八七年）

18 太田泰雄「トウガラシの辛味に関する生理学的ならびに遺伝学的研究V：辛味の遺伝」（『遺伝學雜誌』、一九六二年三七巻二号、pp.169-175）

19 M. Minami, K. Matsushima, A. Ujihara, "Quantitative Analysis of Capsaicinoid in Chili Pepper (*Capsicum* sp.) by High Performance Liquid Chromatograpy —Operating Condition, Sampling and Sample Preparation—" in *Journal of the Faculty of Agriculture Shinshu University*. 1998, vol.34, issue 2, pp.97-102.

[第五章]

1 Teruo Kawada, Koh-ichiro Hagihara, Kazuo Iwai, "Effects of capsaicin on lipid metabolism in rats fed a high fat diet" in *The Journal of Nutrition*, 1986, vol.116, isuue 7, pp.1272-1278.

2 C. J. Henry, B. Emery, "Effect of spiced food on metabolic rate" in *Human nutrition: clinical nutrition*, 1986, vol.40, issue 2, pp.165-168.

3　岩井和夫、渡辺達夫「ヒトでのエネルギー消費効果」（岩井和夫、渡辺達夫編『改訂増補　トウガラシ　辛味の科学』、幸書房、二〇〇八年、pp.147-151）

4　Vadim N. Dedov, Van H. Tran, Colin C. Duke, Mark Connor, MacDonald J. Christie, Sravan Mandadi, Basil D. Roufogalis, "Gingerols: a novel class of vanilloid receptor（VR1）agonists" in *British Journal of Pharmacology*, 2002, vol.137, issue 6, pp.793-798.

5　石見百江、寺田澄玲、砂原緑、下岡里英、嶋津孝「ショウガの成分がラットのエネルギー代謝に及ぼす効果」（『日本栄養・食糧学会誌』、日本栄養・食糧学会、二〇〇三年、五六巻三号、pp.159-165）

〈第二部〉

［第六章］

1　山本紀夫「中南米から世界へ―コロンブスが持ち帰った香辛料」（山本紀夫編『トウガラシ讃歌』、八坂書房、二〇一〇年、pp.11-36）

2　松島憲一、辻旭弘、Orapin Saritnum、南峰夫、根本和洋、池野雅文「トウガラシ（*Capsicum* spp.）遺伝資源の特性評価」（『信州大学農学部ＡＦＣ報告』、二〇〇九年七号、pp.77-86）

3　小仁所邦彦、南峰夫、松島憲一、根本和洋「トウガラシ属（*Capsicum* spp.）におけるカプサイシノイドの種間および種内変異の解析」（『園芸学研究』、二〇〇五年、四巻二号、pp.153-158）

4　Jean Andrews, *Peppers: The Domesticated Capsicums*, New Edition, University of Texas Press（Austin）, 1995.

5　渡辺庸生『本格メキシコ料理の調理技術　タコス＆サルサ』（旭屋出版、二〇〇八年）

6　Jill Norman, *Herbs & spices: the cook's reference*, DK publishing（London）, 2002.

7　前掲註3

8　前掲註6

9 アマール・ナージ著、林真理、奥田祐子、山本紀夫訳『トウガラシの文化誌』(晶文社、一九九七年)
10 Dave Dewitt, *The Chile Pepper Encyclopedia*, William Morrow & Co, Inc. (New York), 1999.
11 アンドリュー・ドルビー著、樋口幸子訳『スパイスの人類史』(原書房、二〇〇四年、p.240)
12 吉田よし子『香辛料の民族学』(中央公論社、一九八八年)
13 B・S・ドッジ著、白幡節子訳『世界を変えた植物　それはエデンの園から始まった』(八坂書房、一九八八年)
14 前掲註10
15 前掲註11
16 前掲註13
17 前掲註11
18 前掲註12
19 前掲註4
20 渡辺庸生「トウガラシが演出するメキシコ料理」(山本紀夫編著『トウガラシ讃歌』、八坂書房、二〇一〇年、pp.37-44)
21 同前書
前掲註5
22 前掲註6
23 前掲註5
24 同前書
25 前掲註20

［第七章］

1　Berta Estrada, María A. Bernal, José Díaz, Federico Pomar, Fuencisla Merino, “Fruit Development in *Capsicum annuum*: Changes in Capsaicin, Lignin, Free Phenolics, and Peroxidase Patterns” in *J. Agric Food Chem.*, 2000, vol.48, no.12, pp.6234-6239.

2　立石博高「庶民から広がるトウガラシ料理―スペイン」（山本紀夫編著『トウガラシ讃歌』、八坂書房、二〇一〇年、pp.47-55）

3　同前書

4　片岡護『アーリオ　オーリオのつくり方』（朝日出版社、一九九四年）

5　同前書

6　デイヴ・デ・ウィット著、富岡由美、須川綾子訳『ルネサンス　料理の饗宴　ダ・ヴィンチの厨房から』（原書房、二〇〇九年）

7　同前書

8　カルロ・ペトリーニ著、石田雅芳訳『スローフードの奇跡　おいしい、きれい、ただしい』（三修社、二〇〇九年）

9　長本和子『イタリア野菜のＡＢＣ（アービーチー）』（小学館、二〇〇四年）

10　渡邊昭子「パプリカ、辛くないトウガラシ!?―ハンガリー」（山本紀夫編著『トウガラシ讃歌』、八坂書房、二〇一〇年、pp.67-76）

11　守屋志保「ルーマニアにおけるトウガラシ栽培とその利用―ルーマニアオルト県スラティナ市の事例から」（平成15年度信州大学大学院農学研究科修士課程学位論文、二〇〇三年）

［第八章］

1　松島憲一「ブルキナファソの農業・農村」（『国際農林業協力』、国際農林業協働協会、一九九九年、二二巻一号、

pp.19-23)
松島憲一「コートジボアールの農業・農村」(『国際農林業協力』、国際農林業協働協会、一九九九年、二二巻一〇号、pp.36-43)

2　松島憲一「コートジボアールにおける食用農産物の市場事情」(『熱帯農業』、日本熱帯農業学会、二〇〇一年、四五巻　号、pp.64-74)

3　川田順造「モシ人にとってのトウガラシ―西アフリカ、ブルキナファソ」(山本紀夫編著『トウガラシ讃歌』、八坂書房、二〇一〇年、pp.100-112)

4　池野雅文「とうがらし.COM　ぱーと2　トウガラシの風味を楽しむ⁉︎〜西アフリカ・セネガル事情〜」(『農耕と園芸』、二〇〇五年三月号、pp.16-18)

5　伊谷樹一「ピリピリと料理の相性―タンザニアのトウガラシ」(山本紀夫編著『トウガラシ讃歌』、八坂書房、二〇一〇年、pp.125-135)

6　松島憲一 他「トウガラシ遺伝資源の辛味成分」(『長野県園芸研究会第35回研究発表会講演要旨』、長野県園芸研究会、二〇〇四年、pp.80-81)
Susumu Yazawa, Shohei Hirose "Vegetable production and problems involved therein in the Lake Kivu area, Zaire" in *Scientific Reports of the Kyoto Prefectural University. Agriculture,* 1989, issue 41, pp.16-39.

7　前掲註4

8　小川了『世界の食文化　11　アフリカ』(農文協、二〇〇四年)

9　前掲註4

10　重田眞義「エチオピアの赤いトウガラシ」(山本紀夫編著『トウガラシ讃歌』、八坂書房、二〇一〇年、pp.113-124)

11　同前書

12　堀内勝「トウガラシはピクルスとハリーサで―アラブ世界」(山本紀夫編著『トウガラシ讃歌』、八坂書房、二〇一

〇年、p.89-99)
大塚和夫『世界の食文化　10　アラブ』(農文協、二〇〇七年)

[第九章]

1 松島 他「ネパール産トウガラシ・ダーレクルサニと栽培種トウガラシの類縁関係」(『長野県園芸研究会第36回研究会要旨』、長野県園芸研究会、二〇〇五年、pp.38-39)
2 小仁所邦彦、南峰夫、松島憲一、根本和洋「トウガラシ属(Capsicum spp.)におけるカプサイシノイドの種間および種内変異の解析」(『園芸学研究』、二〇〇五年、四巻二号、pp.153-158)
3 J. Baral, P. W. Bosland, "Genetic Diversity of a *Capsicum* Germplasm Collection from Nepal as Determined by Randomly Amplified Polymorphic DNA Markers" in *Journal of the American Society for Horticultural Science*, 2002, vol.127, issue 3, pp.318-324.
4 Kinlay Tsering, Kenichi Matsushima, Laxmi Thapa, Mineo Minami, Kazuhiro Nemoto, "Local varieties of chili pepper (*Capsicum* spp.) in Bhutan" in *Research for Tropical Agriculture*, 2010, vol.3, ex.1, pp.75-76.
5 小磯千尋、小磯学『世界の食文化・インド』(農文協、二〇〇六年)
6 森枝卓士『カレーライスと日本人』(講談社、一九八九年)
7 岩井和夫、渡辺達夫「辛味の化学構造とレセプター」(岩井和夫、渡辺達夫編『改訂増補　トウガラシ　辛味の科学』、幸書房、二〇〇八年、pp.58-62)

[第一〇章]

1 Paul Rozin, Deborah Schiller, "The nature and acquisition of preference for chili pepper by humans" in *Motivation and Emotion*, 1980, vol.4, issue 1, pp.77-101.

2 星野龍夫、森枝卓士『食は東南アジアにあり』（弘文堂、一九八四年）

3 同前書

4 松島憲一、松永啓、田中克典、友岡憲彦、高橋有、Simso Theavy、Seang Layheng、Ty Channa「カンボジア西部地域におけるトウガラシ（*Capsicum* spp.）遺伝資源の探索結果について」（『熱帯農業研究』、二〇一五年、八巻別号一、pp.11-12）

Hiroshi Matsunaga, Kenichi Matsushima, Katsunori Tanaka, Sim Theavy, Seang Lay Heng, Ty Channa, Yu Takahashi, Norihiko Tomooka, "Collaborative Exploration of the Solanaceae and Cucurbitaceae Vegetable Genetic Resources in Cambodia, 2014" in *Annual Report on Exploration and Introduction of Plant Genetic Resources*, 2015, vol.31, pp.169-187.

畠山佳奈実、松島憲一、松永啓、友岡憲彦、Sakhan Sophany、朴永俊、根本和洋、南峰夫「カンボジア西部地域より収集したトウガラシ（*Capsicum* spp.）遺伝資源の評価」（『熱帯農業研究』、二〇一六年、九巻別号二、pp.15-16）

[第一一章]

1 周達生『中国の食文化』（創元社、一九八九年）

2 同前書

3 加藤千洋『辣（ラー）の道：トウガラシ2500キロの旅』（平凡社、二〇一四年）

4 矢澤進「雲南の野菜―豊富な種類、多様な品種をめぐって」（佐々木高明編著『雲南の照葉樹のもとで』（日本放送出版協会、一九八四年、p.71-92）

5 前掲註1

6 張恕玉編著『麻辣川香』（青島出版、二〇一四年）

7 前掲註5

8 朝倉敏夫『世界の食文化・韓国』（農文協、二〇〇五年）

9 朝倉敏夫、林史樹、守屋亜記子『韓国食文化読本』（国立民族学博物館、二〇一五年）

【第一二章】

1 熊沢三郎、小原赳、二井内清之「本邦に於けるとうがらしの品種分化」（『園芸学会雑誌』、一九五四年、二三巻三号、pp.16-22）

2 興津伸二 他「トウガラシ〝立八房〟、〝辛八房〟、〝細八房〟の育成経過とその特性」（農林水産省野菜・茶業試験場久留米支場編『野菜試験場報告C 久留米』、一九八四年、七号、pp.25-35）

3 前掲註1

4 栃木県輸出とうがらし生産販売連絡協議会『栃木の唐がらし』（栃木県輸出とうがらし生産販売連絡協議会、一九七一年、p.128）
吉岡精一「日本産トウガラシの生産事情」（岩井和夫、渡辺達夫編『改訂増補 トウガラシ 辛味の科学』、幸書房、二〇〇八年、pp.299-305）、
飯島秀明「日本の唐がらし王吉岡源四郎物語」（『モノ・マガジン』、二〇〇〇年、四〇一号、pp.85-90）

5 京都百味會編著『京都老舗百年のこだわり』（幻冬舎、二〇〇四年）

6 室賀敦朗、高橋良孝、藤田靖夫、藤田郁子、林芳江『八幡屋礒五郎の七味唐がらし』（信州の旅社、一九八四年）

7 同前書

8 前掲註1

9 北宜裕、曽我綾香、青野信男「神奈川県伊勢原市在来トウガラシの特性」（『神奈川県農業技術センター研究報告』、二〇一〇年、一五三号、pp.11-16）

10　野中大樹、松島憲一、南峰夫、根本和洋、濵渦康範「長野県在来トウガラシ品種〝ぼたんこしょう〟（*Capsicum annuum* L.）果実の抗酸化成分および呈味成分の貯蔵中変化」（『園芸学研究』、二〇一二年、一一巻三号、pp.379-385）
11　菊池昌治『現代にいきづく京の伝統野菜』（誠文堂新光社、二〇〇六年）
12　高嶋四郎編著『歳時記　京の伝統野菜と旬野菜』（トンボ出版、二〇〇三年）
13　同前書
14　南山泰宏、古谷規行、稲葉幸司、浅井信一、中澤尚「辛味果実の発生しない甘トウガラシ新品種〝京都万願寺2号〟の育成」（『園芸学研究』、二〇一二年、一一巻三号、pp.411-416）

参考文献

［第一章］

山崎峯次郎「唐がらし」（『香辛料Ⅳ』、ヱスビー食品、一九七八年、pp.111-172）

鄭大聲「朝鮮の食文化としての香辛料」（石毛直道編『論集　東アジアの食事文化』、平凡社、一九八五年、pp.441-469）

杉山直儀『江戸時代の野菜の品種』（養賢堂、一九九五年）

矢澤進「トウガラシ―伝播経路」（日本農芸化学会編『世界を制覇した植物たち　神が与えたスーパーファミリーソラナム』、学会出版センター、一九九七年、pp.131-147）

杉山直儀『江戸時代の野菜の栽培と利用』（養賢堂、一九九八年）

竹内美代「日本食文化における唐辛子受容とその変遷」（日本生活学会編『生活学　食の一〇〇年』、ドメス出版、二〇〇一年、pp.145-173）

松島憲一「ニッポンとうがらし物語」（現代風俗研究会編『野菜万歳　風俗学としての農と食』、新宿書房、二〇〇八年、pp.165-178）

矢沢進「トウガラシの生物学」（岩井和夫、渡邊達夫編『改訂増補　トウガラシ　辛味の科学』、幸書房、二〇〇八年、pp.6-19）

山本宗立「薬味・たれの食文化とトウガラシ―日本」（山本紀夫編著『トウガラシ讃歌』、八坂書房、二〇一〇年、pp.235-246）

山本宗立『日本のトウガラシ品種」（山本紀夫編著『トウガラシ讃歌』、八坂書房、二〇一〇年、pp.247-255）

［第五章］
岩井和夫、渡辺達夫編『改訂増補　トウガラシ　辛味の科学』（幸書房、二〇〇八年）
ラルフ・W・モス著、丸山工作訳『朝からキャビアを　科学者セント＝ジェルジの冒険』（岩波書店、一九八九年）

［第七章］
山本紀夫編著『トウガラシ讃歌』（幸書房、二〇一〇年）

［第九章］
西岡京治、西岡里子『ブータン神秘の王国』（NTT出版、一九九八年）

謝辞

本書を執筆するきっかけを作っていただいた森枝卓士先生、筆の遅い私を我慢強く導いてくれた講談社の岡本浩睦さん、稲吉稔さん、高橋賢さんに感謝申し上げます。そして、私と研究に没頭していただいた信州大学農学部植物遺伝育種学研究室の諸先生方、学生、院生、卒業生の皆さん、私に新しい知識と技術を常にお教えいただいた唐辛子研究仲間の研究者、料理人、および関連会社各位にも厚く御礼を申し上げます。さらには、こんな放蕩親父でごめんねと家族に御礼やらお詫びやらも。

[タ]

[ナ]

[ハ]

品種名索引

i ～viiiはカラー口絵のページ数

松島憲一（まつしま・けんいち）

一九六七年生まれ。信州大学大学院農学研究科修了。博士（農学）。農林水産省経済局国際部技術協力課総括係長、同省九州農業試験場総合研究第一チーム研究員、同省農村振興局専門官などを経て、現在、信州大学農学部准教授。

撮影
酒井あやな＝口絵iv頁「バスク地方」①②
酒井杏奈＝口絵v頁「ハンガリー」①、一二〇頁
車田翔平＝口絵viii頁「全国の在来トウガラシ品種」

撮影協力
ビストロ ラシェット（長野市）＝口絵iv頁「バスク地方」③、一一二頁
Osteria dei Cioch（伊那市）＝口絵v頁「イタリア」①③
Peppers.jp（安中市）＝口絵ii頁「キネンセ種」③

とうがらしの世界（せかい）

二〇二〇年　七月　八日　第一刷発行
二〇二三年　四月　四日　第三刷発行

著者　松島憲一（まつしまけんいち）

発行者　鈴木章一
発行所　株式会社 講談社
東京都文京区音羽二丁目一二―二一　〒一一二―八〇〇一
電話（編集）〇三―三九四五―四九六三
（販売）〇三―五三九五―四四一五
（業務）〇三―五三九五―三六一五

装幀者　奥定泰之
本文データ制作　講談社デジタル製作
本文印刷　信毎書籍印刷 株式会社
カバー・表紙印刷　半七写真印刷工業 株式会社
製本所　大口製本印刷 株式会社

ISBN978-4-06-520292-0　Printed in Japan　N.D.C 616　245p　19cm

講談社選書メチエの再出発に際して

講談社選書メチエの創刊は冷戦終結後まもない一九九四年のことである。長く続いた東西対立の終わりはついに世界に平和をもたらすかに思われたが、その期待はすぐに裏切られた。超大国による新たな戦争、吹き荒れる民族主義の嵐……世界は向かうべき道を見失った。そのような時代の中で、書物のもたらす知識が一人一人の指針となることを願って、本選書は刊行された。

それから二五年、世界はさらに大きく変わった。特に知識をめぐる環境は世界史的な変化をこうむったとすら言える。インターネットによる情報化革命は、知識の徹底的な民主化を推し進めた。誰もがどこでも自由に知識を入手でき、自由に知識を発信できる。それは、冷戦終結後に抱いた期待を裏切られた私たちのもとに差した一条の光明でもあった。

その光明は今も消え去ってはいない。しかし、私たちは同時に、知識の民主化が知識の失墜をも生み出すという逆説を生きている。堅く揺るぎない知識も消費されるだけの不確かな情報に埋もれることを余儀なくされ、不確かな情報が人々の憎悪をかき立てる時代が今、訪れている。

この不確かな時代、不確かさが憎悪を生み出す時代にあって必要なのは、一人一人が堅く揺るぎない知識を得、生きていくための道標を得ることである。

フランス語の「メチエ」という言葉は、人が生きていくために必要とする職、経験によって身につけられる技術を意味する。選書メチエは、読者が磨き上げられた経験のもとに紡ぎ出される思索に触れ、生きるための技術と知識を手に入れる機会を提供することを目指している。万人にそのような機会が提供されたとき初めて、知識は真に民主化され、憎悪を乗り越える平和への道が拓けると私たちは固く信ずる。

この宣言をもって、講談社選書メチエ再出発の辞とするものである。

二〇一九年二月　　野間省伸